전기공학도를 위한

기초전기수학

石橋千尋 저, 최용성 이경섭 박계춘 역

도서출판 GS인터비전

머리말

본서는 수학 기초가 부족한 전기공학도를 위하여 필요한 수학을 가능한 한 이해하기 쉽게 해설하는 것을 목적으로 하여 쓴 교재이다.

이를 위하여 전기회로 문제에 대하여 이것을 풀기위한 수학적 패턴을 분석하고 대표적인 문제와 함께 기술하기로 하였다.

따라서, 일반 수학 교재와 달리, 실제로 전기회로 문제를 예로 들면서 이것을 풀기 위하여 필요한 수학적 지식을 해설하는 내용으로 되어 있다.

이로 인하여 수학적 힘뿐만 아니라 전기회로 등의 전기공학 문제를 풀기 위한 전기적 사고력도 같이 쉽게 학습 할 수 있도록 하였다.

본서를 활용함에 있어 한사람이라도 많은 전기공학도가 전기공학을 이해할 수 있기를 바란다.

역자 일동

차 례

1장 쉬운 분수(分數)

(분수(分數)와 저항회로(抵抗回路)의 계산(計算)

2장 2승(乘)의 계산(計算)

(2승(乘)의 계산(計算)과 회로(回路)의 소비전력(消費電力))

3장 쉬운 루트(root) 계산(計算)

(루트(root)의 계산(計算)과 임피던스(Impedance))

4장 쉬운 문자식(文字式)의 계산(計算)

(문자식(文字式)에 의한 배수(倍數)의 계산(計算))

5장 쉬운 지수(指數)의 계산(計算)

(지수(指數)와 단위(單位)의 환산(換算))

6장 쉬운 방정식(方程式)

(방정식(方程式)과 미지(未知)의 저항(抵抗) 계산(計算))

7장 쉬운 삼각함수(三角函數)

(삼각함수(三角函數)와 역률(力率) 계산(計算))

1장 쉬운 분수(分數)

분수와 저항회로의 계산

1.1 분수(分數)란 무엇인가?

- **질문 : 계산(計算) 문제(問題)에 분수(分數)의 계산(計算)이 자주 나오는데, 우선 분수(分數)란 무엇인지 설명(說明)하라.**
- **대답** : 전기회로(電氣回路) 등 전기공학(電氣工學) 문제(問題)에는 분수(分數)의 계산(計算)이 여러 곳에 나온다. 대표적(代表的)인 예가 그림 1.1에 나타낸 저항(抵抗)을 병렬(竝列)로 연결(連結)한 경우의 합성저항(合成抵抗)을 구하는 계산(計算)이다.

그림 1.1의 합성저항(合成抵抗)은

$$R=\frac{3\times4}{3+4}=\frac{12}{7}[\Omega]$$

과 같이 분수(分數)로 계산(計算)되지만, 우선 분수(分數)의 학습(學習)을 시작하기에 앞서, 분수(分數)란 어떤 수인가를 복습(復習)해 보자.

지금 $\frac{2}{3}$라는 분수(分數)를 예로 들면, 이 분수(分數)는 다음 2가지의 의미(意味)를 나타낸다.

<1> 크기 1인 것을 균등(均等)하게 3개로 나눈 때의 2개의 크기

예를 들면, 그림 1.2와 같이 1[Ω]인 크기의 저항(抵抗)을 균등(均等)하게 나누었을 때의 2개의 저항(抵抗)이 $\frac{2}{3}$[Ω]이 된다.

<2> 2÷3이라는 소수(小數)의 값을 갖는 수

2÷3을 전자계산기(電子計算器)로 계산(計算)하면 2÷3 = 0.6666... 이 되어 마지막까지 정확(正確)하게 쓸 수 없으나,

$$2\div3=\frac{2}{3}$$

라고 하면 매우 확실(確實)한 수가 된다.

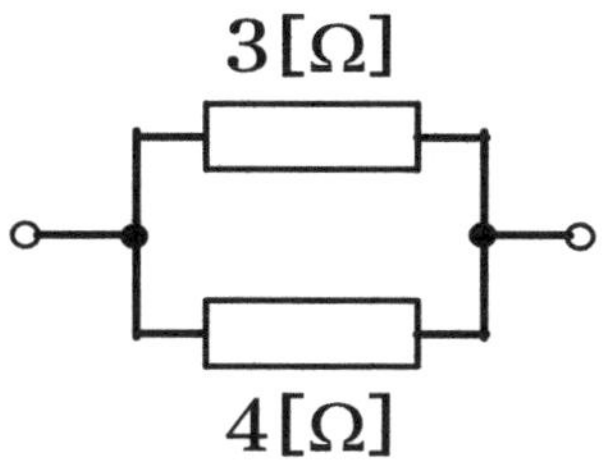

그림 1.1

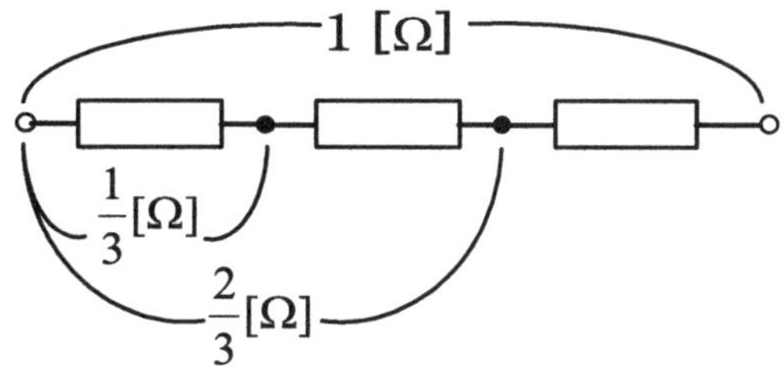

그림 1.2

예를 들면, 그림 1.3과 같이 어느 저항(抵抗)에 2[V]의 전압(電壓)을 인가(引加)한 경우에 3[A]의 전류(電流)가 흐르면 이 저항(抵抗)은

$$R = 2 \div 3 = 0.666... \ [\Omega]$$

으로 계산(計算)되지만

$$R = 2 \div 3 = \frac{2}{3} \ [\Omega]$$

으로 나타낼 수도 있다.

- **질문 : 분수(分數)를 학습(學習)하면 약분(約分)이라는 단어(單語)가 나오는데, 이것은 어떤 계산(計算)을 하는지를 설명(說明)하라.**
- **대답** : 약분(約分)에 대하여 설명(說明)하기에 앞서 분수(分數)의 성질(性質)에 대하여 생각해 보자.

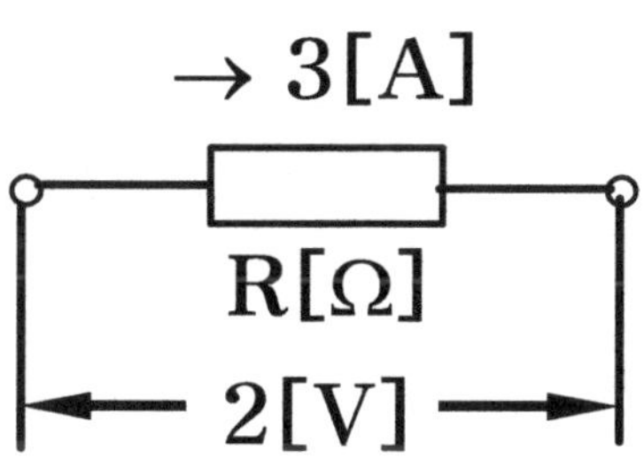

그림 1.3

분수(分數)는 $\dfrac{\triangle}{\triangledown}$의 형태(形態)를 갖으며, 아래의 ▽에 해당하는 수를 **분모(分母)**, 위의 △에 해당하는 수를 **분자(分子)**라고 부른다.

그런데, 분수(分數)의 중요한 성질(性質)의 하나는

> **분모(分母)·분자(分子)에 같은 수를 곱하여도 그 분수(分數)는 변하지 않는다.**
>
> $$\frac{\triangle}{\triangledown}=\frac{\triangle\times\bigcirc}{\triangledown\times\bigcirc}$$

이라는 것이다. 간단(簡單)한 예로 나타내면,

$$\frac{2}{3}=\frac{2\times2}{3\times2}=\frac{4}{6}$$

(분모(分母)·분자(分子)에 2를 곱해 보았다.)

$$\frac{2}{3}=\frac{4}{6}$$

라는 식(式)은 그림 1.4와 같이 1[Ω]의 저항(抵抗)을 3개로 나눈 2개와, 6개로 나눈 4개가 같은 것이 된다고 생각하면 이해(理解)하기 쉬울 것이다.

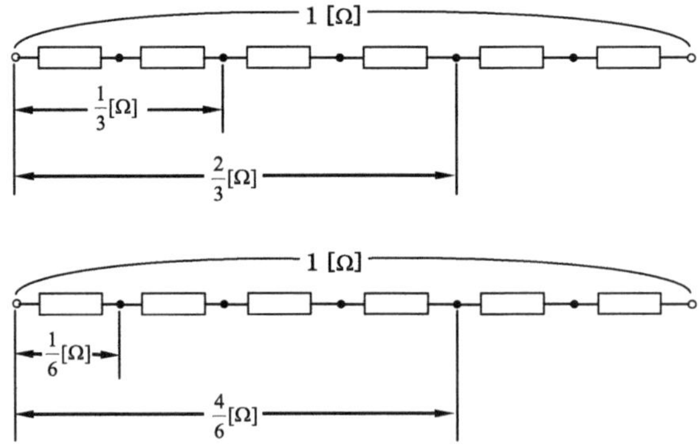

그림 1.4

다음에 이것을 반대(反對)로 생각하면

$$\frac{4}{6}=\frac{4\div 2}{6\div 2}=\frac{2}{3}$$

가 되며,

분모(分母)·분자(分子)를 같은 수로 나누어도 그 분수(分數)는 변하지 않는다.

$$\frac{\triangle}{\nabla}=\frac{\triangle\div\bigcirc}{\nabla\div\bigcirc}$$

이라는 또 하나의 분수(分數)의 중요한 성질(性質)이 유도(誘導)된다.

이 성질(性質)을 이용(利用)하여 예를 들면 $\frac{25}{125}$라는 분수(分數)에 대하여

$$\frac{25}{125}=\frac{25\div 5}{125\div 5}=\frac{5}{25}$$

(우선, 분모(分母)·분자(分子)를 5로 나누었다.)

$$\frac{5}{25}=\frac{5\div 5}{25\div 5}=\frac{1}{5}$$

(다시 한 번 분모(分母)·분자(分子)를 5로 나누었다.)

와 같이 계산(計算)할 수 있으며, $\frac{25}{125}$라는 분수(分數)를 $\frac{1}{5}$이라는 매우 간단(簡單)한 분수(分數)로 고칠 수 있다.

이와 같이 분모(分母)·분자(分子)를 같은 수로 나누어

$$\frac{25}{125}=\frac{1}{5}$$

과 같이 가능(可能)한 간단(簡單)한 분수(分數)로 고치는 계산(計算)을 **약분**(約分)이라고 한다.

약분(約分)할 때에는 보통 "분모(分母)·분자(分子)가 어떤 수로 나누어지는가"라고 생각해야 하지만, 다음의 것을 기억(記憶)해 두면 도움이 된다.

◆ 아래 첫째 자리가 짝수 (0, 2, 4, 6, 8)로 끝나는 수는 2로 나눈다.

『예』 18 : 8은 짝수이므로 18÷2=9로서 2로 나뉜다.

◆ 아래 첫째 자리가 0이나 5로 끝나는 수는 5로 나눈다.

『예』 25 : 아래 첫째 자리가 5이므로 25÷5=5로서 5로 나뉜다.

◆ 각 자리의 숫자를 합친 합계(合計)의 수가 3으로 나뉠 때, 원래의 수는 3으로 나뉜다.

『예』 126 : 1+2+6=9가 되어 3으로 나뉘므로, 126÷3=42로서 3으로 나뉜다.

☞ 중요

<1> 분수(分數)의 의미(意味)

$\frac{\triangle}{\triangledown}$라는 분수(分數)는 다음의 2가지 의미(意味)를 갖습니다.

① 하나의 물건을 균등(均等)하게 ▽개로 나눈 때의 △개의 크기

② △÷▽라는 소수(小數)의 값을 갖는 수

<2> 분수(分數)의 성질(性質)

① 분모(分母)·분자(分子)에 같은 수를 곱하여도 그 분수(分數)는 변하지 않는다.

$$\frac{\triangle}{\triangledown}=\frac{\triangle\times\bigcirc}{\triangledown\times\bigcirc}$$

(단, 곱하는 수는 0 이외의 수)

② 분모(分母)·분자(分子)를 같은 수로 나누어도 그 분수(分數)는 변하지 않는다.

$$\frac{\triangle}{\triangledown}=\frac{\triangle\div\bigcirc}{\triangledown\div\bigcirc}$$

(단, 나누는 수는 0 이외의 수)

<3> 약분(約分)

분모(分母)·분자(分子)를 같은 수로 나누고 가능(可能)한 간단(簡單)한 분수(分數)로 하는 계산(計算)을 약분(約分)이라고 한다.

$$\frac{25}{125}=\frac{5}{25}=\frac{1}{5}$$

1-1 연습문제

(1) 다음 분수(分數)를 소수(小數)로 나타내어라.

① $\frac{1}{2}$ ② $\frac{4}{5}$ ③ $\frac{4}{3}$ ④ $\frac{3}{4}$ ⑤ $\frac{1}{3}$

(2) 다음 분수(分數)를 약분(約分)하라.

① $\frac{3}{6}$ ② $\frac{2}{4}$ ③ $\frac{14}{49}$ ④ $\frac{2}{18}$ ⑤ $\frac{12}{36}$

(3) 다음 소수(小數)를 약분(約分)으로 나타내어라.

① 0.1 ② 0.25 ③ 0.18 ④ 0.05 ⑤ 1.25

1.2 분수(分數)의 덧셈·뺄셈은 어떻게 하는가?

- **질문 : 분수(分數)의 덧셈과 뺄셈을 할 때에는 통분(通分)하는 것이 필요(必要)하다고 하는데, 통분(通分)이란 어떤 계산(計算)을 하는 것인지 알기 쉽게 설명(說明)하라.**
- **대답 :** 우선, 간단(簡單)한 예에 대하여 생각해 보자.

지금 그림 1.5와 같이 $\frac{1}{2}[\Omega]$과 $\frac{1}{3}[\Omega]$인 2개의 저항(抵抗)이 있을 때, 어느 쪽이 얼마만큼 클까?

먼저 생각할 수 있는 방법(方法)은 나눗셈을 하여

$$R_1 = 1 \div 2 = 0.5$$

$$R_2 = 1 \div 3 = 0.333...$$

이 되어, R_1이

$$R_1 - R_2 = 0.5 - 0.333...$$

$$= 0.166...[\Omega]$$

만큼 크다는 답을 낼 수 있으나, 방법(方法)으로는 마지막까지 정확(正確)하게 쓸 수가 없다.

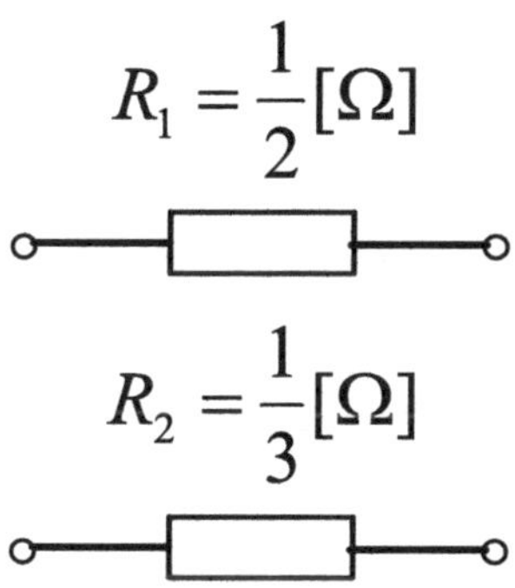

그림 1.5

그럼 분수(分數)를 이용(利用)하여 확실(確實)히 나타내는 방법(方法)은 없는 것일까? 힌트는 분수(分數)의 중요한 성질(性質) "**분모(分母)·분자(分子)에 같은 수를 곱하여도 그 분수(分數)는 변하지 않는다.**"에 있다. 이 성질(性質)을 이용(利用)하여

$$R_1 = \frac{1}{2} = \frac{1\times3}{2\times3} = \frac{3}{6}[\Omega]$$

$$R_2 = \frac{1}{3} = \frac{1\times2}{3\times2} = \frac{2}{6}[\Omega]$$

과 같이 R_1과 R_2의 분모(分母)가 같은 수가 되도록 한다. 이렇게 하면 그림 1.6과 같이 R_1이 1[Ω]을 6개로 나눈 1개만큼 R_2보다 큰 것을 바로 알 수 있다.

그리고, 크기를 비교(比較)하면

$$R_1 - R_2 = \frac{3}{6} - \frac{2}{6} = \frac{3-2}{6} = \frac{1}{6}[\Omega]$$

이 되며, 분수(分數)의 차이(差異)를 확실(確實)히 나타낼 수 있다.

그럼 다음으로 $\frac{1}{2}[\Omega]$과 $\frac{1}{3}[\Omega]$을 직렬(直列)로 연결(連結)하였을 때에 몇 오옴(Ohm)이 되는지를 생각해 보자.

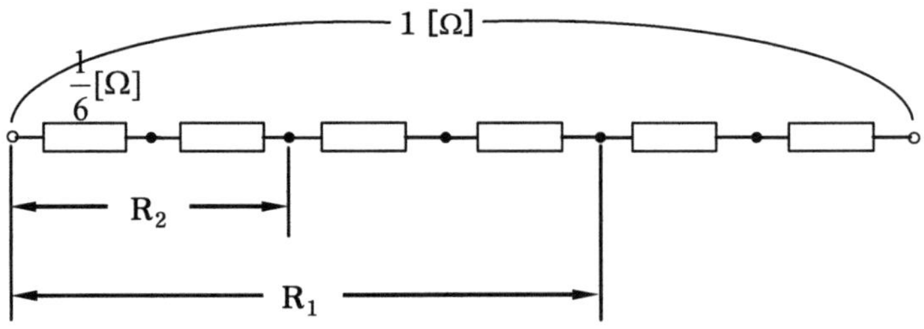

그림 1.6

소수(小數)로 계산(計算)하면,

$$R_1 + R_2 = 0.5 + 0.333...$$

$$= 0.8333...[\Omega]$$

이 되며, 역시 마지막까지 정확(正確)하게 나타낼 수 없으나, 크기를 비교(比較)할 때와 마찬가지로 분모(分母)를 맞추어 보면 그림 1.7에서

$$R_1 + R_2 = \frac{3}{6} + \frac{2}{6} = \frac{5}{6}\ [\Omega]$$

(6개로 나눈 3개몫)	(6개로 나눈 2개몫)	(6개로 나눈 5개몫)

이 되며, 분수(分數)의 덧셈도 할 수 있음을 알 수 있다.

이와 같이 2개의 분수(分數)를 더하거나, 빼기 위하여 2개의 분수(分數)의 분모(分母)를 같은 수로 고치는 것을 **통분**(通分)한다고 한다.

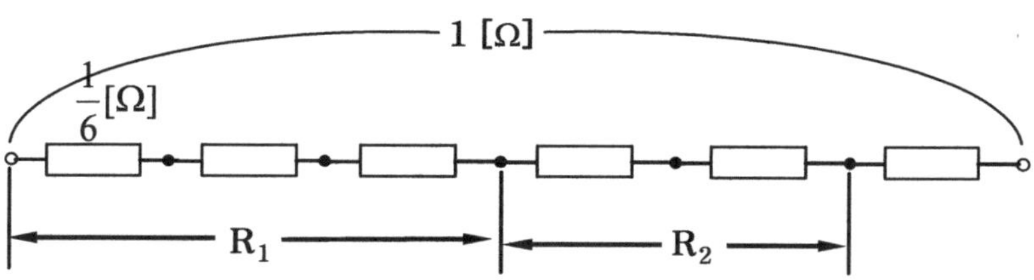

그림 1.7

• **질문 : 통분(通分) 계산(計算)의 방법(方法)과 통분(通分)하면 덧셈과 뺄셈의 계산(計算)을 할 수 있음을 알았으나, 구체적(具體的) 예제(例題)로 계산(計算)의 핵심(核心)을 제시하라.**

• **대답 :** 그럼, 구체적(具體的) 예제(例題)를 들어서 덧셈과 뺄셈을 하는 핵심(核心)을 이야기하겠다.

➽ 예제 1 다음의 덧셈을 계산(計算)하라.

① $\frac{1}{5}+\frac{2}{5}$ ② $\frac{1}{6}+\frac{2}{6}$ ③ $\frac{2}{9}+\frac{1}{6}$ ④ $2+\frac{1}{3}$

⇨ 해 설

① 2개의 분수(分數)는 분모(分母)가 같은 수로 되어 있으므로

$$\frac{1}{5}+\frac{2}{5}=\frac{1+2}{5}=\frac{3}{5}$$

으로 바로 계산(計算)할 수 있다.

② 마찬가지로

$$\frac{1}{6}+\frac{2}{6}=\frac{1+2}{6}=\frac{3}{6}$$

으로 바로 계산(計算)되는데, 분모(分母)·분자(分子)는 3으로 나눌 수 있다. 따라서,

$$\frac{1}{6}+\frac{2}{6}=\frac{3}{6}=\frac{1}{2}$$

로 약분(約分)을 이용(利用)하여 가능(可能)한 간단(簡單)한 분수(分數)로 한다.

③ 2개 분수(分數)의 분모(分母)가 같은 수로 되어 있지 않으므로 통분(通分)할 필요(必要)가 있다. 그래서 분모(分母)에 9와 6의 배수(倍數)를 생각하면,

$$\begin{array}{rccccc} & 2배 & 3배 & 4배 & 5배 & 6배 \\ 9: & (18) & 27 & (36) & 45 & 54 \\ 6: & 12 & (18) & 24 & 30 & (36) \end{array}$$

우선, 18 및 36이 공통(共通)의 배수(倍數)임을 알 수 있다. 이와 같은 공통(共通)의 배수(倍數)를 **공배수**(公倍數)라고 한다. 그리고, 일반적(一般的)으로는 가능(可能)한 간단(簡單)한 분수(分數)로 계산(計算)하기 위하여 가장 작은 공배수(公倍數) (이것을 **최소공배수**(最小公倍數)라고 한다.)인 18로 통분(通分하여

$$\frac{2}{9}+\frac{1}{6}=\frac{4}{18}+\frac{3}{18}=\frac{7}{18}$$

로 계산(計算)한다.

단, 최소공배수(最小公倍數)가 처음부터 떠오르지 않는 경우도 있다. 그와 같은 경우에는 우선 서로의 분모(分母)를 곱한 수로 통분(通分하여

$$\frac{2}{9}+\frac{1}{6}=\frac{2\times 6}{9\times 6}+\frac{1\times 9}{6\times 9}=\frac{12}{54}+\frac{9}{54}=\frac{21}{54}$$

로 하고, 다음에 약분(約分)하여 간단(簡單)한 분수(分數)로 되는가를 체크하다.

이 문제(問題)에서는 $\frac{21}{54}$은 분모(分母)·분자(分子)를 3으로 나눌 수 있으므로,

$$\frac{2}{9}+\frac{1}{6}=\frac{21}{54}=\frac{7}{18}$$

이 되며, 최소공배수(最小公倍數)를 이용(利用)한 값과 같은 값이 얻어진다.

④ 2라는 수를

$$2=2\div 1=\frac{2}{1}$$

로 생각해 보자. 그러면

$$2+\frac{1}{3}=\frac{2}{1}+\frac{1}{3}$$

이 되므로, 분모(分母)를 3으로 통분(通分)하여

$$2+\frac{1}{3}=\frac{2}{1}+\frac{1}{3}=\frac{2\times 3}{3}+\frac{1}{3}=\frac{6}{3}+\frac{1}{3}=\frac{7}{3}$$

로 계산(計算)할 수 있다.

예제 2 다음의 뺄셈을 계산(計算)하라.

① $\frac{5}{6}-\frac{1}{6}$ ② $\frac{2}{3}-\frac{1}{2}$ ③ $\frac{2}{3}-\frac{3}{4}$ ④ $3-\frac{3}{5}$

해 설

① 분모(分母)가 같은 수로 되어 있으므로

$$\frac{5}{6}-\frac{1}{6}=\frac{4}{6}$$

으로 바로 계산(計算)할 수 있으나, $\frac{4}{6}$는 2로 약분(約分)할 수 있으므로

$$\frac{5}{6}-\frac{1}{6}=\frac{4}{6}=\frac{2}{3}$$

까지 계산(計算)해 둔다.

② 서로의 분모(分母)를 곱한 $3\times2=6$으로 통분(通分)한다.

$$\frac{2}{3}-\frac{1}{2}=\frac{4}{6}-\frac{3}{6}=\frac{1}{6}$$

③ 분모(分母)를 $3\times4=12$로 통분(通分)한다.

$$\frac{2}{3}-\frac{3}{4}=\frac{8}{12}-\frac{9}{12}=\frac{8-9}{12}=\frac{-1}{12}$$

이 되지만, 일반적(一般的)으로는 - 부호는 분수(分數)의 앞에 내며

$$\frac{2}{3}-\frac{3}{4}=\frac{8-9}{12}=-\frac{1}{12}$$

로 한다.

④ $3=3\div1=\frac{1}{3}$으로 생각하여

$$3-\frac{3}{5}=\frac{3}{1}-\frac{3}{5}=\frac{15}{5}-\frac{3}{5}=\frac{12}{5}$$

<1> 통분(通分)

중요

2개 분수(分數)의 분모(分母)를 같은 수로 하는 계산(計算)을 통분(通分)이라고 한다. 이것에는 “**분모(分母)·분자(分子)에 같은 수를 곱해도 그 분수(分數)는 변하지 않는다.**”라는 분수(分數)의 성질(性質)을 이용(利用)한다.

<2> 통분(通分)할 때의 분모(分母)의 수

통분(通分할 때는 일반적(一般的)으로 서로의 분모(分母)의 수인 최소공배수(最小公倍數)를 이용(利用)한다. 단, 최소공배수(最小公倍數)를 바로 알 수 없을 때에는 서로의 분모(分母)를 곱한 수로 통분(通分)하여 계산(計算)하고, 그 다음에 약분(約分)할 수 있는가를 생각해 보자.

『예』 $\frac{5}{6}+\frac{1}{4}$

를 계산(計算)할 경우 최소공배수(最小公倍數)를 이용(利用)하면

$$\frac{5}{6}+\frac{1}{4}=\frac{10+3}{12}=\frac{13}{12}$$

서로의 분모(分母)를 곱하면

$$\frac{5}{6}+\frac{1}{4}=\frac{20+6}{24}=\frac{26}{24}=\frac{13}{12}$$

<3> 분모(分母)의 덧셈과 뺄셈

① 분모(分母)가 같은 수의 경우는 분모(分母)를 공통(共通)으로 하고 분자(分子)끼리의 덧셈, 뺄셈을 한다.

『예』 $\frac{1}{5}+\frac{3}{5}=\frac{1+3}{5}=\frac{4}{5}$

$$\frac{3}{7}-\frac{2}{7}=\frac{3-2}{7}=\frac{1}{7}$$

② 분모(分母)가 다른 경우는 통분(通分하여 분모(分母)를 같게 하고 나서 계산(計算)한다.

『예』 $\frac{2}{3}-\frac{1}{5}=\frac{2\times5}{3\times5}-\frac{1\times3}{5\times3}=\frac{10}{15}-\frac{3}{15}=\frac{7}{15}$

1-2 연습문제

(1) 다음 분수식(分數式)을 계산(計算)하라.

① $\frac{1}{3}+\frac{1}{5}$ ② $\frac{1}{2}-\frac{1}{3}$ ③ $\frac{1}{4}-2$ ④ $1+\frac{1}{4}$ ⑤ $\frac{1}{2}+\frac{1}{8}$

(2) 지금 $\frac{2}{3}[\Omega]$의 저항(抵抗) A와 $\frac{3}{4}[\Omega]$의 저항(抵抗) B인 2개의 저항(抵抗)이 있다.

다음 물음에 답하라.

① A, B 중 어느 저항(抵抗)이 얼마만큼 큰가?

② A와 B 저항(抵抗)을 직렬(直列)로 연결(連結)하였을 때의 합성저항(合成抵抗)은 얼마가 되는가?

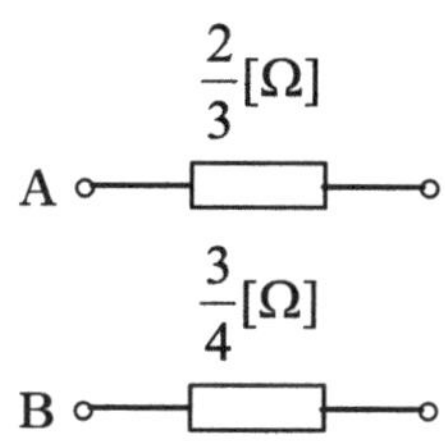

1.3 분수(分數)의 곱셈은 간단(簡單)

- **질문** : **분수(分數)의 곱셈은 덧셈이나 뺄셈과 비교(比較)하면 매우 간단(簡單)하다고 하는데, 곱셈 공식(公式)과 그 이용법(利用法)을 알려 달라.**
- **대답** : 분수(分數)의 덧셈, 뺄셈에서는 통분(通分이 필요(必要)하였으나, 곱셈은 그러한 계산(計算)은 하지 않아도 되며, 다음 공식(公式)만을 기억(記憶)해두면 간단(簡單)하게 계산(計算)할 수 있다.

> **분수(分數)의 곱셈은 분모(分母)는 분모(分母)끼리의 곱셈, 분자(分子)는 분자(分子)끼리의 곱셈을 한다.**
>
> $$\frac{\triangle}{\triangledown}\times\frac{⌂}{⬡}=\frac{\triangle\times ⌂}{\triangledown\times ⬡}$$
>
> 『예』 $\frac{2}{3}\times\frac{1}{5}=\frac{2\times1}{3\times5}=\frac{2}{15}$

다음 예제(例題)로서 곱셈을 연습(演習)해 보라.

➻ **예 제** 다음의 곱셈을 계산(計算)하라.

① $\frac{5}{6}\times\frac{1}{3}$ ② $2\times\frac{2}{5}$ ③ $\frac{1}{4}\times3$ ④ $\frac{3}{4}\times\frac{2}{3}$

➾ 해 설

① 공식(公式)에 따라서 다음과 같이 계산(計算)할 수 있다.

$$\frac{5}{6}\times\frac{1}{3}=\frac{5\times1}{6\times3}=\frac{5}{18}$$

② $2=2\div1=\frac{2}{1}$로 생각하여

$$2\times\frac{2}{5}=\frac{2}{1}\times\frac{2}{5}=\frac{2\times2}{1\times5}=\frac{4}{5}$$

로 계산(計算)할 수 있다. 익숙해지면 다음과 같이 계산(計算)하라.

$$2\times\frac{2}{5}=\frac{2\times2}{5}=\frac{4}{5}$$

③ ②와 마찬가지로 $3=3\div1=\frac{3}{1}$로 생각하여

$$\frac{1}{4}\times3=\frac{1}{4}\times\frac{3}{1}=\frac{1\times3}{4\times1}=\frac{3}{4}$$

$$\frac{1}{4}\times3=\frac{1\times3}{4}=\frac{3}{4}$$

이라고 계산(計算)한다.

④ 공식(公式)에 따라서

$$\frac{3}{4}\times\frac{2}{3}=\frac{3\times2}{4\times3}=\frac{6}{12}$$

가 되지만, 이것은 6으로 약분(約分)할 수 있으므로,

$$\frac{3}{4}\times\frac{2}{3}=\frac{6}{12}=\frac{1}{2}$$

로 될 때까지 계산(計算)을 해 둔다.

☞ **중요** 분수(分數)의 곱셈은 분모(分母)는 분모(分母)끼리의 곱셈, 분자(分子)는 분자(分子)끼리의 곱셈을 한다.

$$\frac{\triangle}{\triangledown}\times\frac{⌂}{⬡}=\frac{\triangle\times⌂}{\triangledown\times⬡}$$

1-3 연습문제

✐ 다음 곱셈을 계산(計算)하라.

① $\frac{2}{3}\times\frac{1}{4}$

② $\frac{3}{5}\times3$

③ $\frac{4}{3}\times\frac{1}{2}$

④ $\frac{4}{9}\times\frac{3}{4}$

⑤ $\frac{5}{2}\times\frac{2}{5}$

⑥ $4\times\frac{1}{2}$

⑦ $\frac{1}{12}\times\frac{24}{5}$

⑧ $\frac{5}{7}\times\frac{14}{3}$

1.4 분수(分數)의 나눗셈은 곱셈으로 고쳐라

- **질문 : 분수(分數)의 나눗셈은 곱셈으로 고치면 간단(簡單)하게 계산(計算)할 수 있는데, 그 계산(計算) 요령(要領)에 대해 알려달라.**
- **대답 :** 말한 대로 분수(分數)의 곱셈을 알면 나눗셈은 간단(簡單)하게 습득(習得)할 수 있다. 우선, 다음 공식(公式)을 기억(記憶)해 두자.

(1) $\frac{\triangle}{\triangledown}\div\text{⌂}=\frac{\triangle}{\triangledown}\times\frac{1}{\text{⌂}}$　　[예] $\frac{2}{3}\div4=\frac{2}{3}\times\frac{1}{4}$

(2) $\frac{\triangle}{\triangledown}\div\frac{\text{⌂}}{\text{⬡}}=\frac{\triangle}{\triangledown}\times\frac{\text{⬡}}{\text{⌂}}$　　[예] $\frac{2}{3}\div\frac{3}{5}=\frac{2}{3}\times\frac{5}{3}=\frac{10}{9}$

(3) $\triangle\div\frac{\text{⌂}}{\text{⬡}}=\triangle\times\frac{\text{⬡}}{\text{⌂}}$　　[예] $3\div\frac{1}{4}=3\times4=12$

이와 같이 나누는 수의 분모(分母)와 분자(分子)를 반대(反對)로 하면 곱셈으로 고칠 수 있다. 그러면, 예제(例題)로 나눗셈 연습(演習)을 해 보자.

➽ 예 제 다음의 나눗셈을 계산(計算)하라.

① $\frac{5}{6}\div3$　　② $2\div\frac{2}{5}$　　③ $\frac{1}{4}\div\frac{2}{3}$　　④ $\frac{3}{4}\div\frac{2}{3}$

⇨ 해 설

① $\frac{5}{6}\div3=\frac{5}{6}\times\frac{1}{3}=\frac{5}{18}$

② $2 \div \frac{2}{5} = 2 \times \frac{5}{2} = 5$

③ $\frac{1}{4} \div \frac{2}{3} = \frac{1}{4} \times \frac{3}{2} = \frac{3}{8}$

④ $\frac{3}{4} \div \frac{2}{3} = \frac{3}{4} \times \frac{3}{2} = \frac{9}{8}$

분수(分數)의 나눗셈은 나누는 수의 분모(分母)와 분자(分子)를 반대(反對)로 하여 곱셈으로 고친다. **중요**

$$\frac{\triangle}{\triangledown} \div \frac{\text{⌂}}{\text{⬡}} = \frac{\triangle}{\triangledown} \times \frac{\text{⬡}}{\text{⌂}}$$

1-4 연습문제

다음 나눗셈을 계산(計算)하여라.

① $\frac{2}{3} \div \frac{1}{4}$

② $\frac{3}{5} \div 3$

③ $\frac{4}{3} \div \frac{1}{2}$

④ $\frac{4}{9} \div \frac{2}{3}$

⑤ $4 \div \frac{1}{2}$

⑥ $\frac{5}{12} \div \frac{1}{5}$

⑦ $\frac{7}{9} \div \frac{7}{18}$

⑧ $\frac{1}{6} \div 6$

1.5 마무리는 번분수(繁分數)

- **질문 : 번분수(繁分數)란 어떤 분수(分數)인가? 또한, 그 계산(計算) 방법(方法)을 가르쳐 달라.**
- **대답** : 다음 절에서 공부할 내용(內容)이지만, 그림 1.8과 같은 회로(回路)에서 흐르는 전류(電流) I는

$$I=\frac{V}{R_1+\dfrac{R_1R_2}{R_1+R_2}}[A]$$

의 식(式)에서 구해진다.

이와 같이, 분모(分母)나 분자(分子)가 다시 분수(分數)를 포함(包含)한 식(式)으로 되어 있는 분수(分數)를 **번분수**(繁分數)라고 한다. 번분수(繁分數)를 계산(計算)할 경우에는 분수(分數)를 포함(包含)한 분모(分母)나 분자(分子)를 우선 계산(計算)한다.

예를 들면, 그림 1.8의 회로(回路)에 흐르는 전류(電流) I는

$$I=\frac{100}{2+\dfrac{6\times6}{6+6}}[A]$$

가 되므로, 우선 분모(分母)만을 계산(計算)하면

$$\text{분모(分母)} = 2+\frac{6\times6}{6+6}=2+\frac{36}{12}=5$$

가 되고,

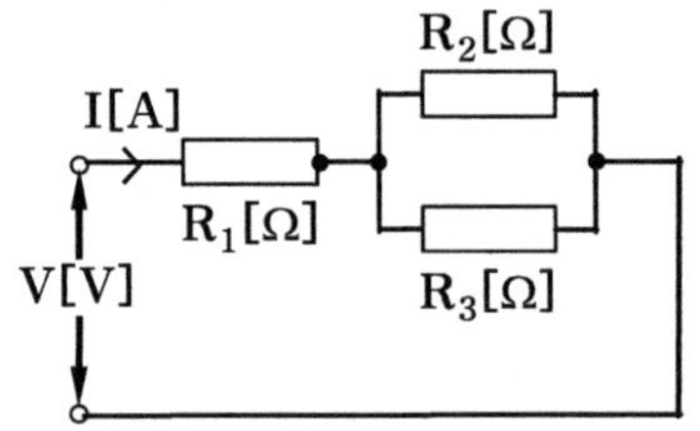

그림 1.8

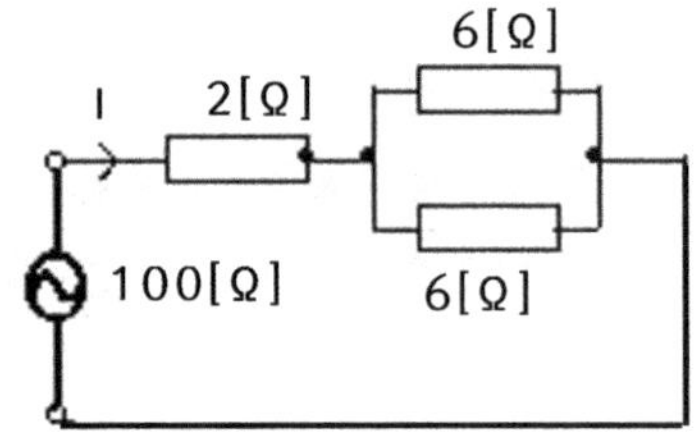

그림 1.9

☞ 중요

이것을 원래의 식(式)에 대입(代入)하면

$$I = \frac{100}{5} = 20[A]$$

가 된다.

분수(分數)의 분모(分母)·분자(分子)의 한쪽 또는 양쪽이 다시 분수(分數)를 포함(包含)한 식(式)으로 되어 있는 분수(分數)를 번번수(繁分數)라고 한다. 번분수(繁分數)의 계산(計算)에는 분수(分數)를 포함(包含)한 분모(分母)나 분자(分子)를 우선 계산(計算)한다.

1-5 연습문제

다음 분수(分數)를 계산(計算)하라.

① $\dfrac{3}{1+\dfrac{1}{2}}$

② $\dfrac{100}{5+\dfrac{6\times3}{6+3}}$

③ $\dfrac{1}{\dfrac{1}{5}+\dfrac{1}{10}}$

④ $\dfrac{1}{3+\dfrac{1}{2}}\times\dfrac{1}{4}$

⑤ $\dfrac{100}{3+\dfrac{4\times2}{4+2}}\times3$

1.6 저항회로(抵抗回路) 계산(計算)에 도전(挑戰)

- **질문 : 분수(分數)의 계산(計算) 요령(要領)을 이해(理解)했지만, 실제(實際)로 출제(出題)되는 문제(問題)에 대하여 어떻게 이용(利用)하면 좋은가를 쉬운 예로 설명(說明)해 달라.**
- **대답 :** 분수(分數)를 이용(利用)하는 계산법(計算法)에 앞서, 먼저 오옴의 법칙(法則) (Ohm's law)과 합성저항(合成抵抗)에 대하여 설명(說明)해 두자.

그림 1.10의 회로(回路)에서 $R[\Omega]$에 흐르는 전류(電流)를 $I[A]$라고 하면

$$V[V]=I[A]\times R[\Omega]$$

의 관계(關係)가 있다. 이것을 **오옴의 법칙**(法則) (Ohm's law)이라고 한다.

따라서, 그림 1.11의 회로(回路)에서는

$$100=I\times 50 \tag{1.1}$$

식 (1.1)의 양변(兩邊)을 50으로 나누면

$$\frac{100}{50}=\frac{I\times 50}{50}$$

$$\therefore\ I=\frac{100}{50}=2[A]$$

로 흐르는 전류(電流)가 계산(計算)된다.

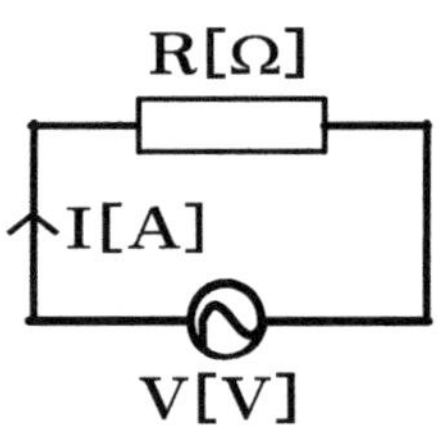

그림 1.10

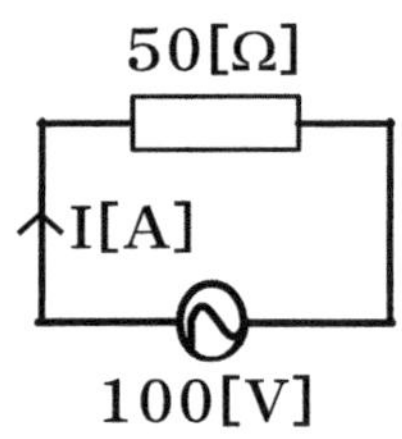

그림 1.11

그러면, 그림 1.12의 저항(抵抗) $R_1[\Omega]$과 $R_2[\Omega]$이 직렬(直列)로 연결(連結)된 회로(回路)에서 흐르는 전류(電流)는 어떻게 계산(計算)하면 될까?

흐르는 전류(電流)를 $I[A]$하고 하면, 그림 1.13와 같이 오옴의 법칙(法則)으로부터

$$R_1[\Omega] \text{ 에는 } \quad V_1 = IR_1[V]$$

$$R_2[\Omega] \text{ 에는 } \quad V_2 = IR_2[V]$$

의 전압(電壓)이 인가(引加)되며, V_1과 V_2의 합이 $V=[V]$가 되므로

$$\begin{aligned} V &= V_1 + V_2 \\ &= IR_1 + IR_2 \\ &= I(R_1 + R_2)[V] \end{aligned} \tag{1.2}$$

의 관계(關係)가 성립(成立)한다.

식 (1.2)의 양변(兩邊)을 $(R_1 + R_2)$으로 나누면

$$\frac{V}{R_1 + R_2} = \frac{I(R_1 + R_2)}{R_1 + R_2} \tag{1.3}$$

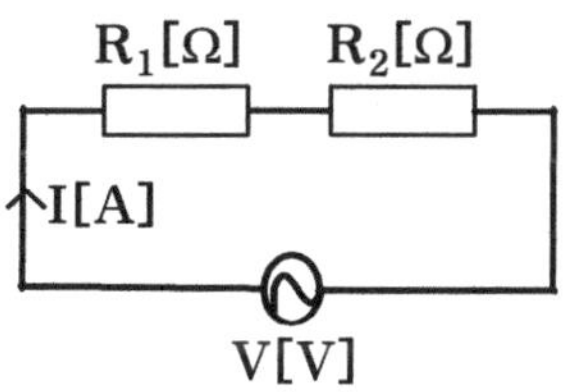

그림 1.12

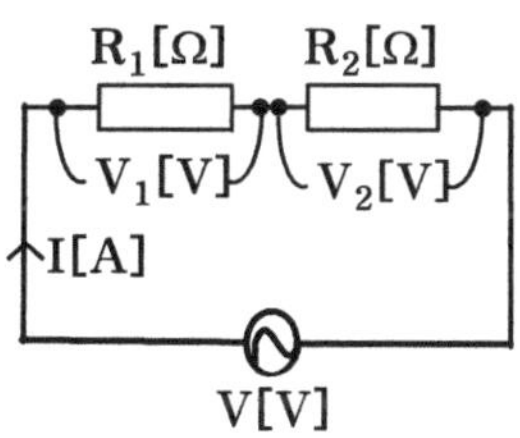

그림 1.13

$$\therefore\ I = \frac{V}{R_1 + R_2}$$

의 계산(計算)으로 전류(電流)가 구해진다.

식 (1.3)에서 알 수 있듯이 이 전류(電流)는 그림 1.14와 같이 $R(=R_1+R_2)[\Omega]$의 저항(抵抗)이 하나 있는 경우와 같은 전류(電流)가 된다. 따라서 그림 1.12와 같은 R_1과 R_2이 직렬(直列)로 연결(連結)된 회로(回路)는 먼저 R_1과 R_2를 합하여

$$R = R_1[\Omega] + R_2[\Omega]$$

을 계산(計算)하고, 다음으로 이 R에서 전압(電壓)을 나누면 흐르는 전류(電流)를 계산(計算)할 수 있다.

$$I[A] = \frac{V}{R} = \frac{V}{R_1 + R_2}$$

이와 같이 $R_1[\Omega]$과 $R_2[\Omega]$이 직렬(直列)로 연결(連結)된 회로(回路)는 $R_1[\Omega]$과 $R_2[\Omega]$를 더한 저항(抵抗) $R[\Omega]$이 하나 있는 경우와 같은 전류(電流)가 흐른다. 이것에 의하여 $R_1[\Omega]$과 $R_2[\Omega]$의 **직렬회로**(直列回路)의 **합성저항**(合成抵抗) $R[\Omega]$은

$$R = R_1[\Omega] + R_2[\Omega]$$

으로 나타내어짐을 알 수 있다.

이 합성저항(合成抵抗)의 개념(概念)을 이용(利用)하여 그림 1.15의 회로(回路)에 흐르는 전류(電流)를 구해 보자.

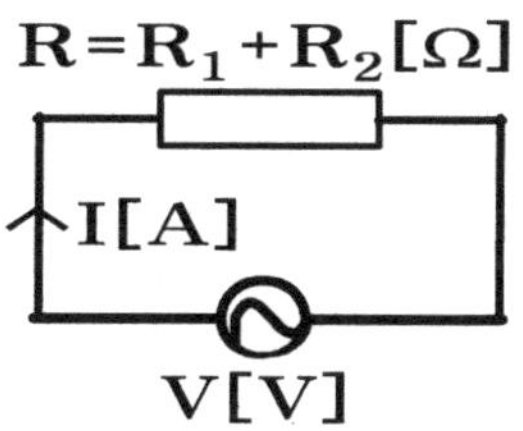

그림 1.14

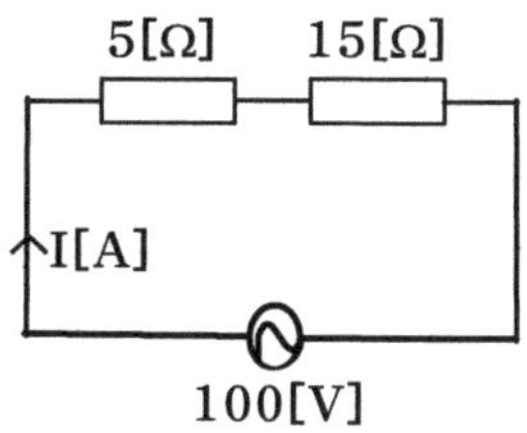

그림 1.15

먼저, 합성저항(合成抵抗)을 구하면

$$R=5+15=20[\Omega]$$

따라서, 그림 1.16과 같이 생각하여 흐르는 전류(電流)는

$$I=100\div 20$$

$$=\frac{100}{20}=5[A]$$

이 된다. 더욱 익숙해지면

$$I=\frac{100}{5+15}=\frac{100}{20}=5[A]$$

와 같이 계산(計算)하면 빠르게 답을 낼 수 있다.

다음으로 병렬회로(竝列回路)의 계산(計算)에 대하여 설명(說明)하겠다. 그림 1.17에서 저항(抵抗) $R_1[\Omega]$과 $R_2[\Omega]$의 양단(兩端)에는 모두 $V[V]$가 인가(引加)되고 있으므로 각각의 저항(抵抗)에는

$$I_1=\frac{V}{R_1}[A]$$

$$I_2=\frac{V}{R_2}[A]$$

의 전류(電流)가 흐른다.

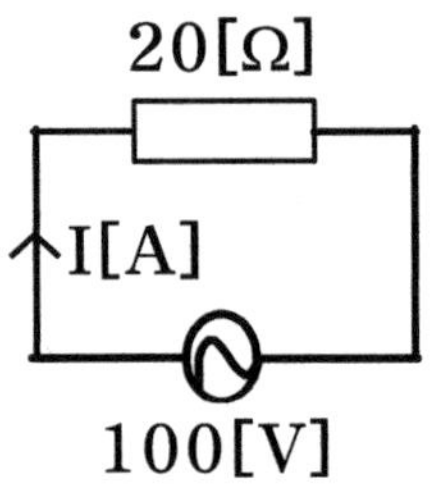

그림 1.16

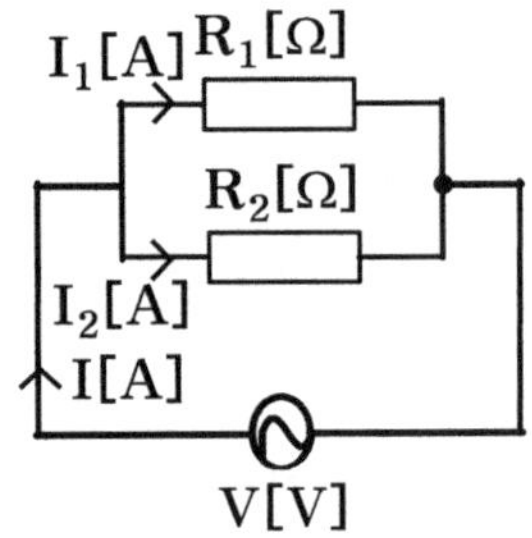

그림 1.17

따라서, 전원(電源)으로부터 흘러나오는 전류(電流)는 I_1와 I_2의 덧셈으로 계산(計算)되며,

$$
\begin{aligned}
I = I_1 + I_2 &= \frac{V}{R_1} + \frac{V}{R_2} \\
&= \left(\frac{1}{R_1} + \frac{1}{R_2}\right) V
\end{aligned} \tag{1.4}
$$

식 (1.4)의 양변(兩邊)을 $(\frac{1}{R_1}+\frac{1}{R_2})$로 나누면

$$
V = \frac{I}{\frac{1}{R_1}+\frac{1}{R_2}} = \frac{I}{\frac{1\times R_1 + 1\times R_2}{R_1\times R_2}} = I\times\frac{R_1R_2}{R_1+R_2}
$$

로 변형(變形)된다.

이 식(式)과 $V=I\times R$의 식(式)을 비교(比較)하면 그림 1.18과 같이 $R_1[\Omega]$과 $R_2[\Omega]$이 병렬(竝列)로 연결(連結)된 회로(回路)에 흐르는 전류(電流)는

$$
R = \frac{R_1R_2}{R_1+R_2}[\Omega]
$$

의 저항(抵抗)이 하나 있는 경우와 같은 전류(電流)가 된다. 이것에 의하여 $R_1[\Omega]$과 $R_2[\Omega]$의 **병렬회로**(竝列回路)의 **합성저항**(合成抵抗) $R[\Omega]$은

$$R = \frac{R_1 R_2}{R_1 + R_2}[\Omega]$$

으로 나타내어짐을 알 수 있다.

따라서, 그림 1.19 의 예에서 합성저항(合成抵抗) R은

$$R = \frac{50 \times 25}{50 + 25} = \frac{1250}{75}$$

$$= \frac{250}{15} = \frac{50}{3}[\Omega]$$

이 되므로 그림 1.20과 같이 생각하여 흐르는 전류(電流) I는

$$I = 100 \div \frac{50}{3}$$

$$= 100 \times \frac{3}{50} = 6[A]$$

로 계산(計算)할 수 있다.

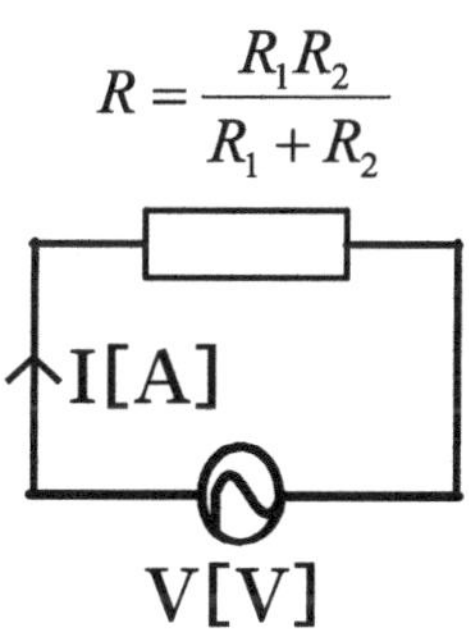

그림 1.18

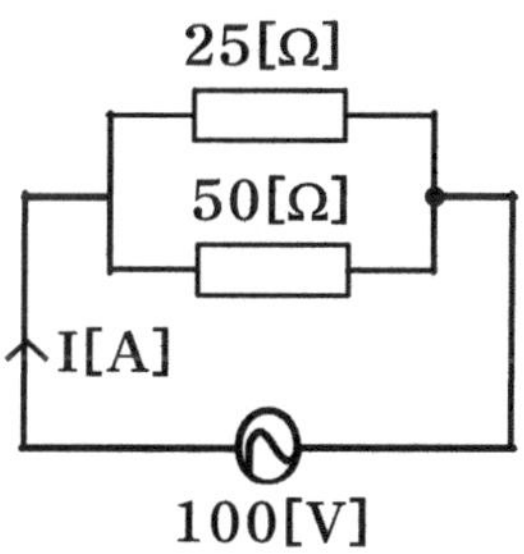

그림 1.19

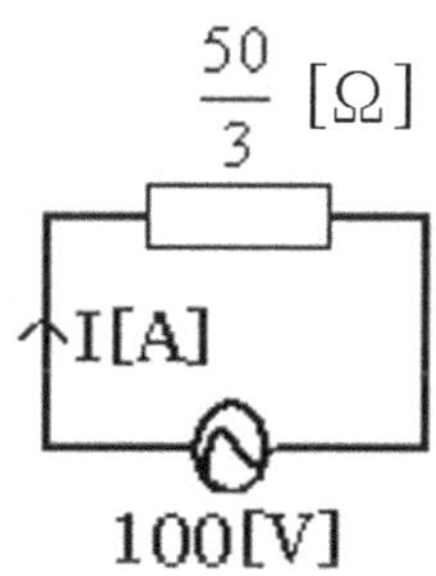

그림 1.20

- **질문 : 오옴의 법칙(法則)과 합성저항(合成抵抗)에 대하여 이해(理解)하였는데, 실제(實際)로 출제(出題)되는 문제(問題)는 어느 정도(程度)의 계산(計算)이 필요(必要)한가?**
- **대답 :** 그러면 실제(實際)로 출제(出題)된 문제(問題)를 예로 하여 보자.

➽ **예제 1** 그림과 같은 회로(回路)에서 10[Ω]의 저항(抵抗)에 흐르는 전류(電流) [A]는 얼마인가?

① 5 ② 7.5

③ 10 ④ 12.5

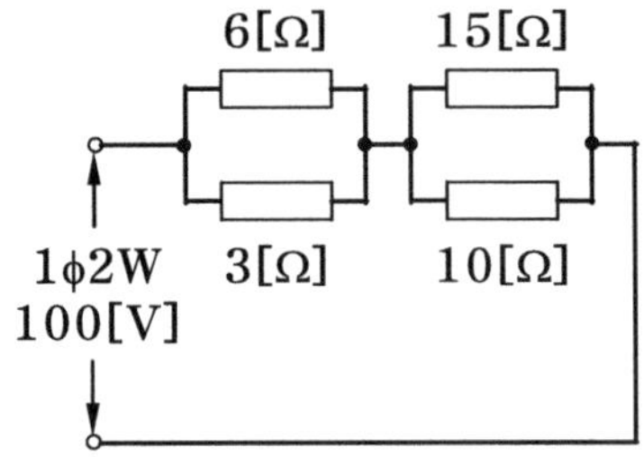

예제 1에서 10[Ω]의 저항(抵抗)에 흐르는 전류(電流)는 10[Ω]에 인가(引加)되는 전압(電壓)을 알면 계산(計算)할 수 있다.

먼저, 문제(問題)의 그림을 병렬회로(竝列回路)의 합성저항(合成抵抗)의 방법(方法)을 이용(利用)하여 나타내면 6[Ω]과 3[Ω]의 병렬(竝列) 부분(部分)은

$$R_1 = \frac{6 \times 3}{6+3} = \frac{18}{9} = 2[\Omega]$$

15[Ω]과 10[Ω]의 병렬(竝列) 부분(部分)은

$$R_2 = \frac{15 \times 10}{15+10} = \frac{150}{25} = 6[\Omega]$$

이 되므로, 다음 그림 1.21과 같이 된다.

따라서, 전원(電源)으로부터 흘러나오는 전류(電流) $I[A]$는 이번에는 직렬회로(直列回路)의 합성저항(合成抵抗)의 방법(方法)을 이용(利用)하여

$$I=\frac{V}{R_1+R_2}=\frac{100}{2+6}=\frac{100}{8}=\frac{25}{2}[A]$$

$R_2[\Omega]$에 인가(引加)되는 전압(電壓) $V_2[V]$는

$$V_2=I\times R_2=\frac{25}{2}\times 6=75[V]$$

가 되며, ②가 정답(正答)이 된다. 또한, 각부(各部)의 전압(電壓), 전류(電流)를 그림 1.22에 나타내었으므로 스스로 확인(確認)해 두기 바란다.

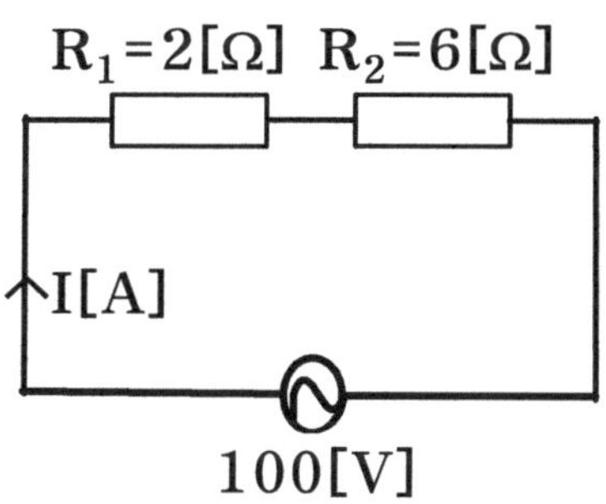

그림 1.21

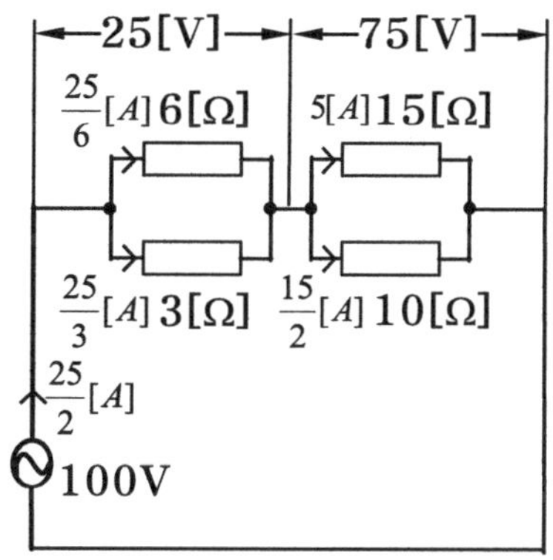

그림 1.22

➽ 예제 2 그림과 같은 교류회로(交流回路)에서 스위치 S를 닫고 있을 때에 2[Ω]의 저항(抵抗)에 흐르는 전류(電流)는 스위치 S를 열었을 때에 2[Ω]의 저항(抵抗)에 흐르는 전류(電流)의 몇 배인가?

① 0.6 ② 1.0 ③ 1.4 ④ 1.6

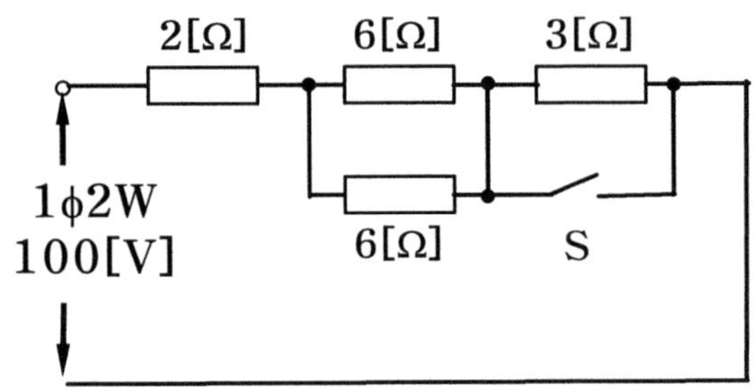

예제 2는 스위치 S가 닫혀 있을 때와 열려 있을 때를 각각 계산(計算)하자.

<1> 스위치가 닫혀 있을 때

먼저, S가 닫혀 있을 때는 그림 2.4의 회로(回路)가 되므로 그림 2.5와 같이 생각하여

$$I(close)=\frac{100}{2+\frac{6\times6}{6+6}}=\frac{100}{2+\frac{36}{12}}=\frac{100}{2+3}$$

$$=\frac{100}{5}=20[A]$$

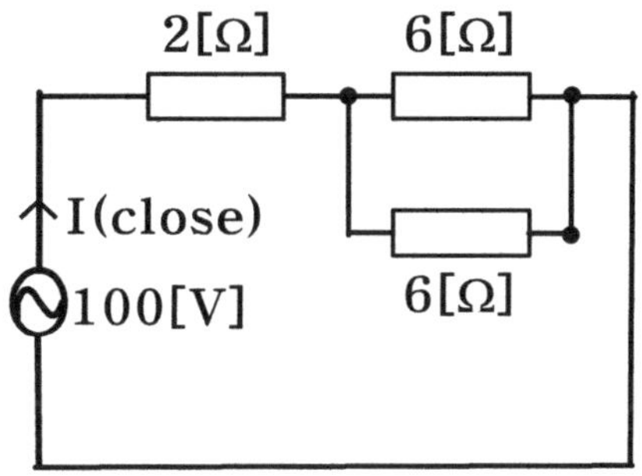

그림 1.23

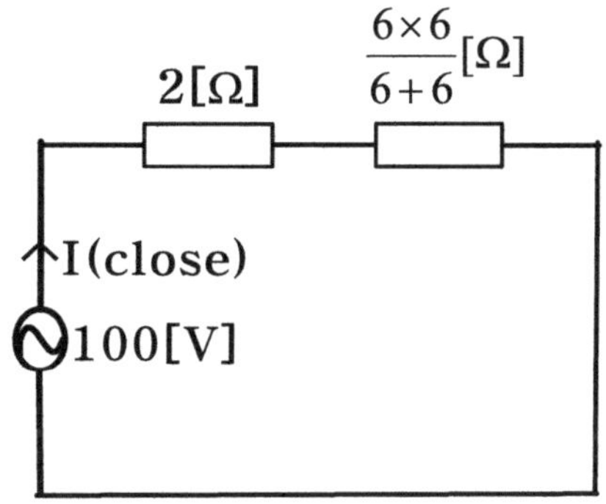

그림 1.24

<2> 스위치가 열려 있을 때

다음으로 S가 열려 있을 때는 그림 1.25의 회로(回路)가 되므로 그림 1.26과 같이 생각하여

$$I(open) = \frac{100}{5+3} = \frac{100}{8} = \frac{25}{2}[A]$$

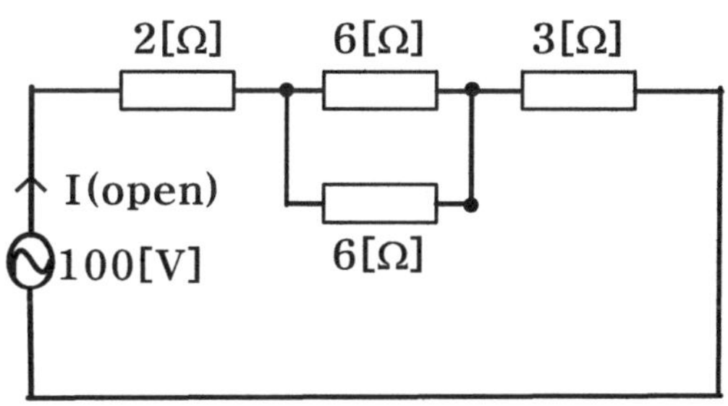

그림 1.25

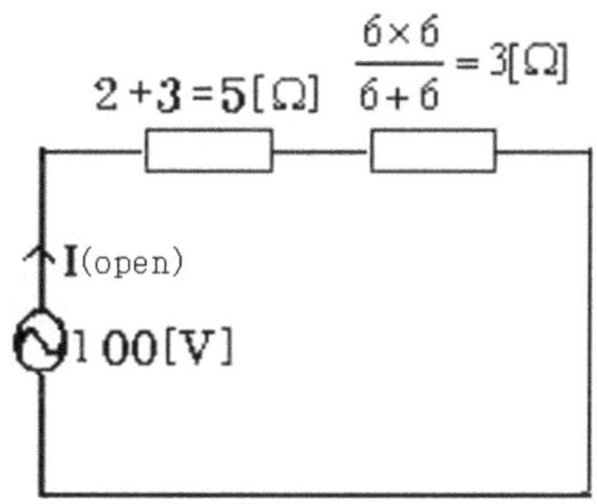

그림 1.26

따라서,

$$\frac{I(close)}{I(open)} = 20 \div \frac{25}{2} = 20 \times \frac{2}{25}$$

$$= \frac{40}{25} = 1.6\text{배}$$

가 되며, ④가 정답(正答)이 된다.

1-6 연습문제

(1) 그림과 같은 회로(回路)에서 단자(端子) a, b 사이의 합성저항(合成抵抗) [Ω]은 얼마인가?

① 1 ② 2 ③ 3 ④ 4

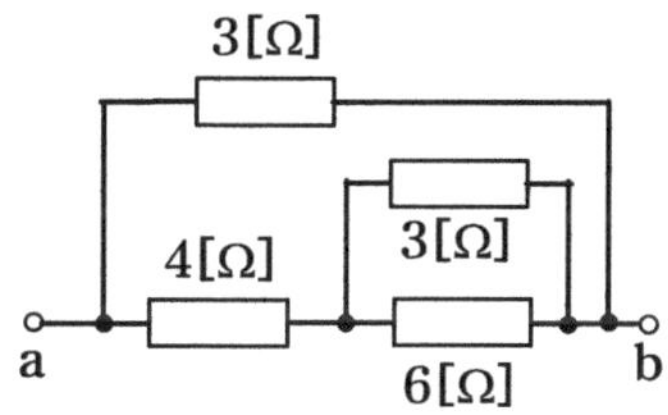

(2) 그림과 같은 회로(回路)에서 단자(端子) a, b 사이의 합성저항(合成抵抗) [Ω]은 얼마인가?

① 1 ② 2 ③ 3 ④ 4

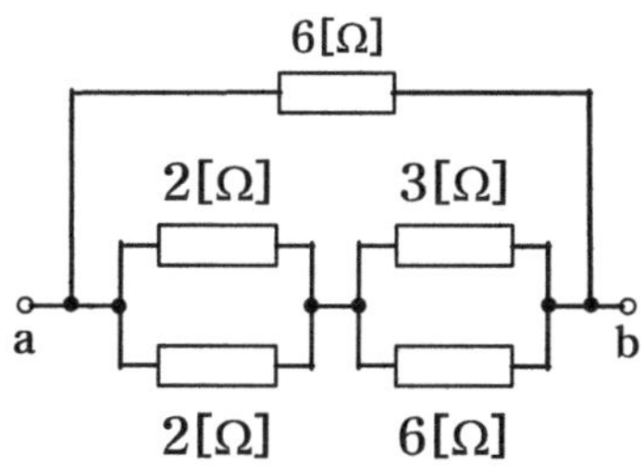

(3) 그림과 같은 교류회로(交流回路)에서 단자(端子) a, b 사이의 전압(電壓)이 60[V]일 때, ac 사이의 전원전압(電源電壓) [V]은 얼마인가?

① 40 ② 60 ③ 100 ④ 120

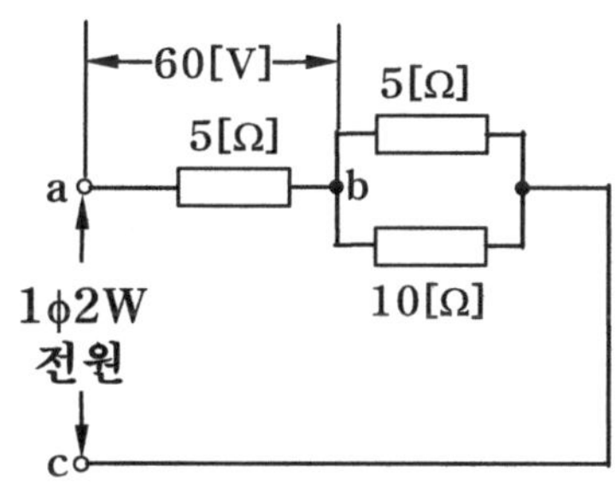

(4) 그림과 같은 회로(回路)에서 20[Ω]의 저항(抵抗)에 흐르는 전류(電流) [A]는 얼마인가?

① 2 ② 3 ③ 4 ④ 5

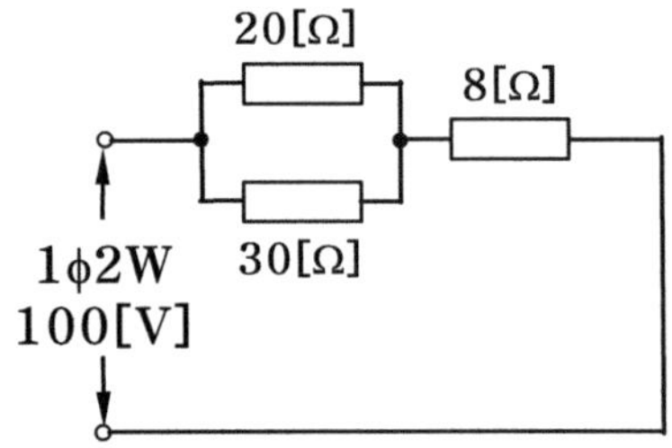

(5) 그림과 같은 직류회로(直流回路)에서 전압계(電壓計) ⓥ가 24[V]를 지시(指示)하고 있을 때, 전류계(電流計) Ⓐ의 지시(指示)값 [A]은 얼마인가?

① 2 ② 3 ③ 4 ④ 6

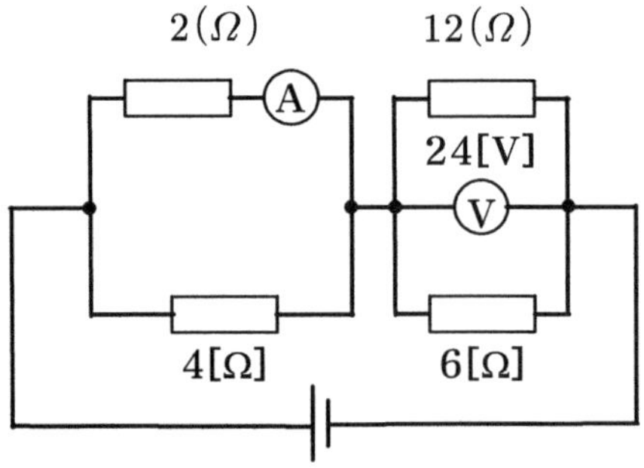

2장 2승(乘)의 계산(計算)

2승의 계산과 회로의 소비전력

2.1 RI²의 계산(計算)은 어떻게 하는가?

- **질문 : 그림과 같이 R[Ω]의 저항(抵抗)에 전류(電流) I[A]가 흐르고 있을 때, 소비전력(消費電力)은 RI^2[W]이라고 하는데, 이것은 어떤 계산(計算)을 하면 되는지 간단(簡單)한 예로 설명(說明)하라.**

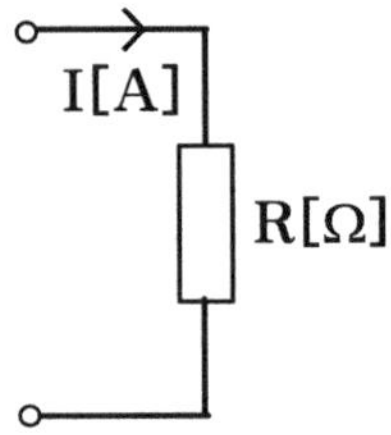

- **대답 :** 먼저, RI^2은

$$RI^2 = R \times I \times I$$

라는 계산(計算)을 하는 것임을 기억(記憶)해 두라.

이와 같이 문자(文字)의 곱셈에서는 × (곱셈 기호(記號))는 일반적(一般的)으로 생략(省略)된다.

또한, 같은 문자(文字)나 숫자(數字)를 곱할 때는

$I \times I = I^2$("I의 2승(承)"이라고 읽는다.)

$3 \times 3 \times 3 = 3^3$("3의 3승(承)"이라고 읽는다.)

와 같이 오른쪽 위에 곱한 개수(個數)를 작게 써서 표시(表示)한다.

예를 들면, 그림 2.1의 소비전력(消費電力)은

$$RI^2 = R \times I \times I$$

$$= 8 \times 10 \times 10$$

$$= 800[W]$$

와 같이 계산(計算)한다.

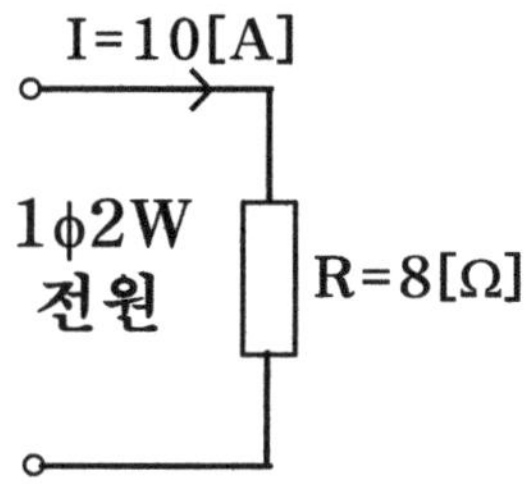

그림 2.1

I^2은 I를 2번 곱한 것을 의미(意味)한다. 따라서, RI^2은 ☜ **중요**

$$R \times I \times I$$

의 계산(計算)을 한다.

2-1 연습문제

(1) 다음 □ 안에 넣을 숫자(數字)를 나타내라.

① $V \times V = V^{\square}$ ② $3 \times 3 \times 3 = 3^{\square}$ ③ $2 \times 2 \times 2 \times 2 = 2^{\square}$

(2) 다음 수는 얼마가 되는지 계산(計算)하라.

① 2^2 ② 3^3 ③ 10^2 ④ 6^2

(3) 아래 그림의 회로(回路)의 소비전력(消費電力)은

$$\frac{V^2}{R}[W]$$

이 됨을 보여라.

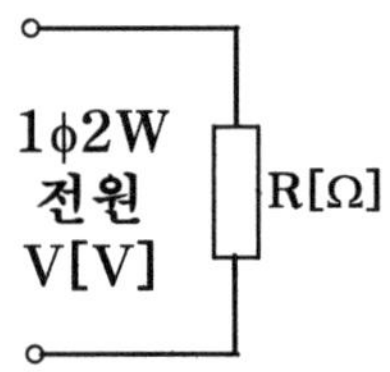

2.2 교류회로(交流回路)의 전력(電力) 계산(計算)에 도전(挑戰)!

- **질문 : RI^2의 계산(計算) 방법(方法)을 알았는데, 오른쪽 그림의 소비전력 (消費電力)은 어떻게 계산(計算)하면 좋을까?**

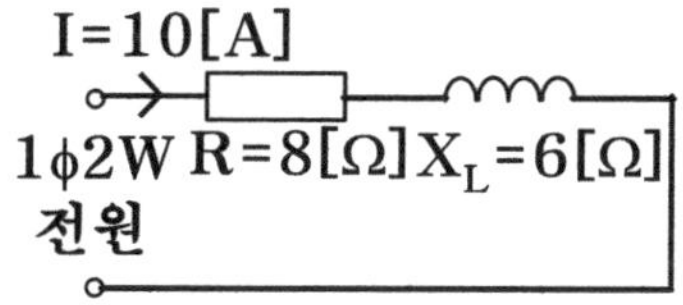

- **대답 :** 그림에는  (코일)이 들어가 있는데, 소비전력(消費電力)은 어디까지나 RI^2의 계산(計算)으로 구해진다.
  따라서, 그림의 소비전력(消費電力)은

$$P = RI^2 = 8 \times 10 \times 10 = 800[W]$$

  로 하면 된다.

또한, 코일인 X_L = 6[Ω]에 관해서도

$$Q = X_L I^2 = 6 \times 10 \times 10 = 600[var]$$

와 같이 계산(計算)을 할 수 있다만, 이것은 소비전력(消費電力)이 아니고 무효전력(無效電力)이라고 하며, 단위(單位)도 W (와트)가 아닌 var (바)를 이용(利用)한다.

또한, 아래 그림과 같은 경우도 소비전력(消費電力)은

$$P = RI^2[W]$$

가 된다.

또한, ⊣⊢ (콘덴서)의

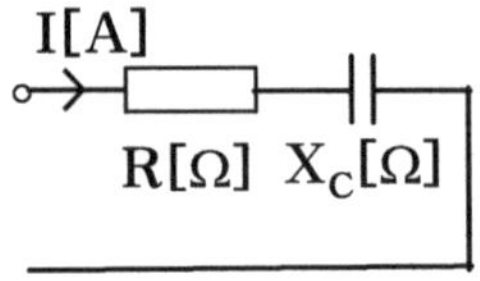

$$Q = X_C I^2 [var]$$

도 코일일 때와 마찬가지로 무효전력(無效電力)이며, 단위(單位)도 [var]이다.

☞ **중요**

- 유효전력(有效電力) [W] = (저항(抵抗) [Ω]) × (저항(抵抗)에 흐르는 전류(電流))^2

- 무효전력(無效電力) [var] = (코일 저항(抵抗) [Ω]) × (코일에 흐르는 전류(電流))^2

- 무효전력(無效電力) [var] = (콘덴서 저항(抵抗) [Ω]) × (콘덴서에 흐르는 전류(電流))^2

2-2 연습문제

(1) 그림과 같은 교류회로(交流回路)에 전류(電流) 10[A]가 흐르고 있을 때, 회로(回路)의 소비전력(消費電力) [W]는 얼마인가?

① 100　② 600　③ 800　④ 1000

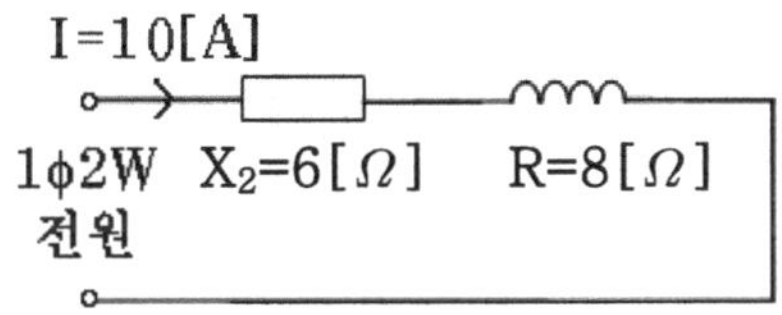

(2) 그림과 같은 교류회로(交流回路)의 소비전력(消費電力) [W]은 얼마인가?

① 100　② 600　③ 800　④ 1000

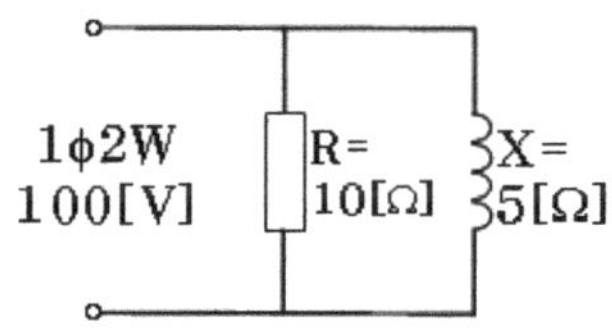

(3) 그림과 같은 회로(回路)에서 리액턴스 X 양단(兩端)의 전압(電壓)이 60[V], 저항(抵抗) R 양단(兩端)의 전압(電壓)이 0[V] 일 때, 이 저항(抵抗) R의 소비전력(消費電力) [W]은 얼마인가?

① 600　② 800　③ 1000　④ 1200

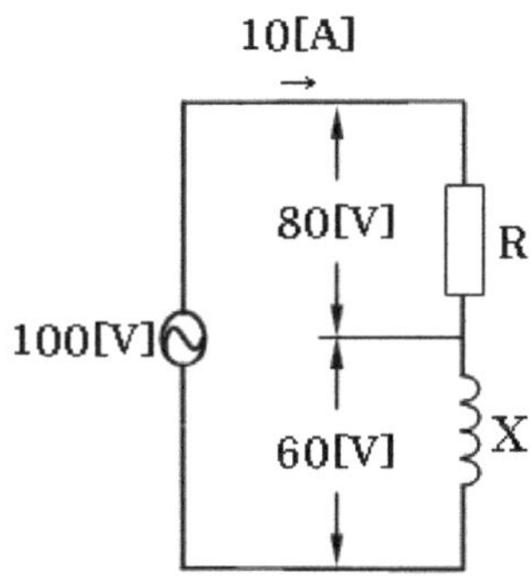

(4) 그림과 같은 회로(回路)에서 저항(抵抗) R에 흐르는 전류(電流)가 4[A], 리액턴스 X에 흐르는 전류(電流)가 3[A]일 때 저항(抵抗) R의 소비전력(消費電力) [W]은 얼마인가?

① 100 ② 300 ③ 400 ④ 700

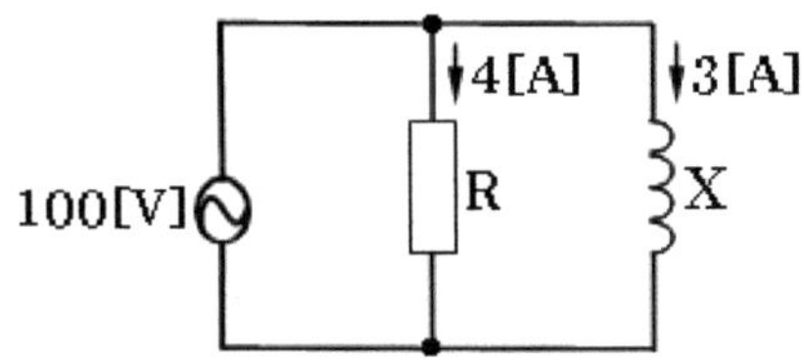

2.3 전선(電線)의 단면적(斷面積) 계산은 어떻게 하는가?

- **질문 : 그림과 같은 원의 면적 (面積)은**

$$\frac{\pi D^2}{4}[mm^2]$$

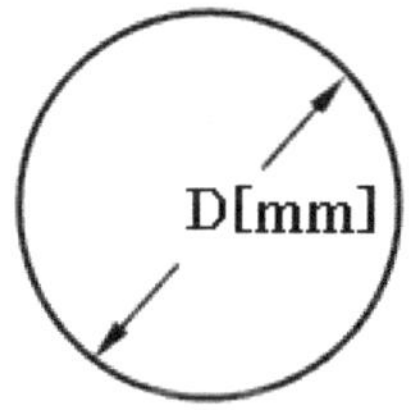

이 된다고 하는데,

이 계산(計算)에 대하여 알기 쉽게 설명(說明) 하라.

- **대답 :** 원의 면적(面積) S는 반경(半徑)을 r[mm]라고 하면

$$S=\pi r^2[mm^2]$$

으로 구해진다.

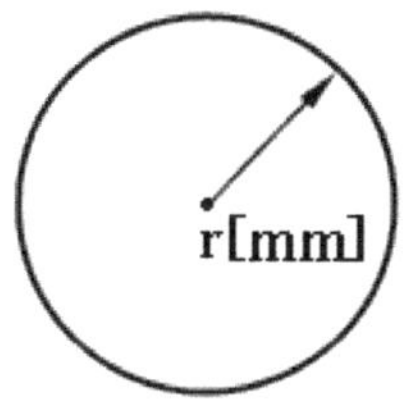

여기서 π(파이)는 원주율(圓周率)을 나타내며,

$$\pi = 3.14.....$$

라는 무한(無限)으로 계속되는 수인데, 일반적(一般的)으로는 π = 3.14로서 계산(計算)을 해도 괜찮다.

그럼, 오른쪽 그림과 같은 반경(半徑) 0.8[mm]인 원의 면적(面積)을 구체적(具體的)으로 구해 보자.

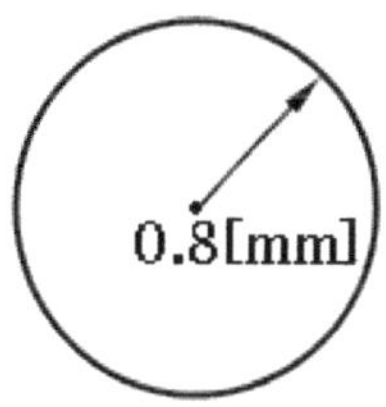

$$S=\pi r^2=\pi\times r\times r$$

$$=3.13\times0.8\times0.8=2.01[mm^2]$$

다음으로 반경(半徑) 대신에 직경(直徑)을 이용(利用)하여 원의 면적(面積)을 구하는 공식(公式)을 유도(誘導)해 보자.

반경(半徑)은 직경(直徑)의 반(半), 즉 $\frac{1}{2}$이므로

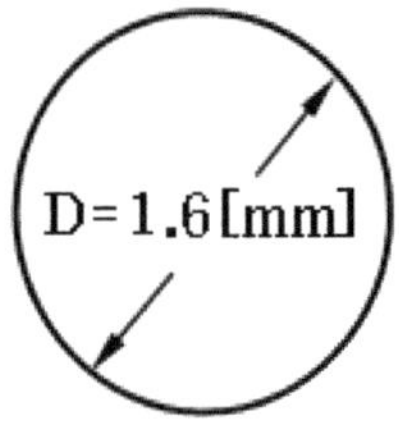

$$S=\pi\times\frac{D}{2}\times\frac{D}{2}$$

가 된다.

이것을 하나의 분수(分數) 형태(形態)로 나타내는

$$S=\frac{\pi\times D\times D}{2\times2}=\frac{\pi\times D^2}{4}$$

의 공식(公式)을 유도(誘導)할 수 있다.

따라서, 반경(半徑) r = 0.8[mm] 대신에 직경(直徑) D = 1.6[mm]를 이용(利用)하여 원의 면적(面積)을 계산(計算)하는 경우에는

$$S=\frac{\pi\times1.6\times1.6}{2\times2}=2.01[mm^2]$$

이 된다.

☞ 중요

원의 면적(面積)은 반경(半徑)을 r[mm]하고 하면

$$S=\pi r^2[mm^2]$$

이 된다.

반경(半徑) 대신에 직경(直徑) D[mm]를 이용(利用)하여 계산(計算)을 할 경우에는

$$S=\frac{\pi\times D^2}{4}[mm^2]$$

가 된다.

2-3 연습문제

(1) 직경(直徑) 2.0[mm]인 연동선(軟銅線)의 단면적(斷面積)은 얼마인가?

(2) 직경(直徑) 1.6[mm]인 연동선(軟銅線)의 단면적(斷面積)은 얼마인가?

(3) 직경(直徑) 2.0[mm]인 연동선(軟銅線)의 단면적(斷面積)은 직경(直徑) 1.6[mm]인 연동선(軟銅線)의 단면적(斷面積)의 몇배인가?

2.4 전선(電線)의 저항(抵抗) 계산(計算)에 도전(挑戰)

• **질문 : 원의 면적(面積)의 계산(計算)은 알았다. 다음으로 실제(實際)로 출제(出題)되는 수준의 예제(例題)를 이용(利用)하여 전선(電線)의 저항(抵抗)을 구하는 방법(方法)을 알기 쉽게 설명(說明) 하라.**

• **대답 :** 다음 예제(例題)를 풀면서 전선(電線)의 저항(抵抗) 계산(計算)의 요령(要領)을 설명(說明)해 보겠다.

➽ 예 제 직경(直徑) 2.0[mm], 길이 185[m]인 연동선(軟銅線)의 저항(抵抗) [Ω]은 대략(大略) 얼마인가? 단, 연동선(軟銅線)의 저항률(抵抗率)은 0.017 [Ω·㎟/m]이라 한다.
① 0.8 ② 1.0 ③ 3.1 ④ 4.0

먼저, 전선(電線)의 저항(抵抗) R은

$$R=\rho\frac{l}{S}=\frac{\rho\times l}{S}[\Omega]$$

의 공식(公式)으로 유도(誘導)됨을 암기(暗記)해 둘 필요(必要)가 있다.

이 공식(公式)에서 ρ(그리스 문자(文字)로 "로"라고 읽는다.)는 저항률(抵抗率), l은 전선(電線)의 길이, S는 전선(電線)의 단면적(斷面積)이다. 다음으로 저항률(抵抗率) ρ의 단위(單位)를 보겠다.

ρ의 단위(單位)는

$$(\frac{\Omega\cdot mm^2}{m})$$

으로 되어 있다.

이것은 단면적(斷面積)을 [㎟]로, 길이를 [m]의 단위(單位)로 계산(計算)하면 저항(抵抗)이 [Ω]으로 구해짐을 나타내고 있다. 따라서, 이 예제(例題)에서 저항(抵抗) R은

$$R=0.017\left(\frac{\Omega \cdot mm^2}{m}\right)\times\frac{\text{전선의 길이}[m]}{\text{전선의 단면적}[mm^2]}$$

의 계산(計算)으로 구할 수가 있다.

그럼, 구체적(具體的)으로 계산(計算)해 보자.

전선(電線)의 길이 ℓ = 185[m], 다음으로 전선(電線)의 단면적(斷面積)은 직경(直徑) 2[mm]인 원의 면적(面積)이 되므로,

전선의 단면적 $$S=\frac{\pi D^2}{4}=\frac{\pi\times2\times2}{4}=\pi[mm^2]$$

따라서, 전선(電線)의 저항(抵抗) R은

$$R=\rho\frac{l}{S}=\frac{0.017\times185}{\pi}=1[\Omega]$$

이 되므로, 예제(例題)의 정답(正答)은 ②가 된다.

전선(電線)의 저항(抵抗) R은 다음 식(式)으로 계산(計算)할 수 있다. **중요**

$$R=\rho\frac{l}{S}=\frac{\rho\times l}{S}[\Omega]$$

단, ℓ은 길이 [m], S는 전선(電線)의 단면직(斷面積) [㎟],
ρ는 저항률(抵抗率)

$$\left(\frac{\Omega \cdot mm^2}{m}\right)$$

이다.

2-4 연습문제

(1) 직경(直徑) 1.6[mm], 길이 120[m]인 연동선(軟銅線)의 저항(抵抗) [Ω]은 대략(大略) 얼마인가? 단, 연동선(軟銅線)의 저항률(抵抗率)은 0.017[Ω·㎟/m]이라 한다.

① 0.8 ② 1.0 ③ 3.1 ④ 4.0

(2) 직경(直徑) 2.0[mm], 길이 200[m]인 연동선(軟銅線)의 저항(抵抗) [Ω]은 얼마인가? 단, 연동선(軟銅線)의 저항률(抵抗率)은 0.017[Ω·㎟/m]이라 한다.

① 0.11 ② 1.1 ③ 11 ④ 110

(3) 직경(直徑) 1.6[mm] (단면적(斷面積) 2[㎟]), 길이 12[m]인 전선(電線)의 저항(抵抗)이 0.1[Ω]일 때 단면적(斷面積) 8[㎟], 길이 96[m]의 전선(電線)의 저항(抵抗) [Ω]은 얼마인가? 단, 전선(電線)의 소재(素材) 및 온도(溫度)는 동일(同一)하다.

① 0.05 ② 0.1 ③ 0.2 ④ 0.3

(4) 직경(直徑) 1.6[mm], 길이 10[m]인 연동선(軟銅線)과 전기저항(電氣抵抗))값이 같게 되는 직경(直徑) 3.2[mm]의 연동선(軟銅線)의 길이 [m]는 얼마인가? 단, 연동선(軟銅線)의 온도(溫度), 저항률(抵抗率)은 동일(同一)하다고 한다.

① 5 ② 10 ③ 20 ④ 40

(5) A, B 2개의 동일(同一) 소재(素材)의 동선(銅線)이 있다. A는 직경(直徑) 1.6[mm], 길이 100[m], B는 직경(直徑) 3.2[mm], 길이 50[m]이다. A의 저항(抵抗)은 B의 저항(抵抗)의 몇 배가 되는가?

① 1 ② 2 ③ 4 ④ 8

3장 쉬운 루트 계산(計算)

루트의 계산과 임피던스

3.1 루트(root)의 계산(計算)이란 무엇인가?

3.2 루트(root)가 들어간 계산(計算)은 어떻게 하는가?

3.3 임피던스(Impedance)란 무엇인가?

3.4 삼상교류(三相交流) 계산(計算)에도 도전(挑戰)

3.1 루트(root)의 계산(計算)이란 무엇인가?

- **질문 : 3상교류회로(三相交流回路) 등에서 $\sqrt{3}$이라는 문자(文字)가 곳곳에서 나오는데, 이것은 어떤 수인지 쉽게 설명(說明)하라.**
- **대답 :** $\sqrt{3}$(루트(root) 3이라고 읽는다.)이라는 수는 2승(乘)하면 3이 되는 수로서, 이것을 소수(小數)를 이용(利用)하여 나타내면

$$\sqrt{3} = 1.732\cdots$$

이라는 무한(無限)으로 계속되는 수가 된다. 따라서, 1.732…를 2번 곱하면 3이 된다.

조금 더 알기 쉽게 예를 들면

"$\sqrt{4}$는 얼마가 될까?" 이것은 "2승(乘)하면 4가 되는 수는 얼마인가?"라는 의미(意味)로, $2^2=4$가 되므로

$$\sqrt{4}=2$$

와 같이 루트(root)의 계산(計算)을 할 수 있다.

그러면 $\sqrt{9}$는 얼마일까? $9 = 3 \times 3 = 3^2$이므로

$$\sqrt{9}=3$$

이 된다.

이와 같이 $4(=2^2)$나 $9(=3^2)$와 같은 수의 루트(root)는 간단(簡單)하게 계산(計算)할 수 있으나, $\sqrt{3}$ 등은 계산기(計算器)를 사용(使用)하지 않으면 구할 수 없다. 단, 다음의 2개는 암기(暗記)해 두면 편리(便利)한다.

$$\begin{cases}\sqrt{2}=1.41 \\ \sqrt{3}=1.73\end{cases}$$

<$\sqrt{2}$도 $\sqrt{3}$도 무한으로 계속되는 수이지만, 소수점이하 2자리까지 기억해 두면 충분하다.>

$\sqrt{a}$는 2승(乘)하면 a가 되는 수를 나타낸다.

☜ **중요**

『예』 $\begin{cases} \sqrt{4} = \sqrt{2^2} = 2 (\text{2승하면 4가 되는 수는 2}) \\ \sqrt{9} = \sqrt{3^2} = 3 (\text{2승하면 9가 되는 수는 3}) \end{cases}$

3-1 연습문제

(1) 다음의 수는 얼마인가?

① $\sqrt{16}$

② $\sqrt{25}$

③ $\sqrt{36}$

④ $\sqrt{49}$

⑤ $\sqrt{100}$

(2) 다음을 계산(計算)하라.

① $\sqrt{2}\times\sqrt{2}$

② $\sqrt{3}\times\sqrt{3}$

③ $2\div\sqrt{2}$

④ $3\div\sqrt{3}$

3.2 루트(root)가 들어간 계산(計算)은 어떻게 하는가?

- **질문 : 루트(root)의 계산(計算) 방법(方法)은 알았다. 다음으로 루트(root) 식(式)을 이용(利用)하는 여러 가지 패턴에 대하여 계산(計算) 예를 들어 설명(說明)하라,**
- **대답** : 그럼, 루트(root) 계산(計算)의 여러 가지 패턴을 공부해 보자.

➸ 예제 1 $\sqrt{9+16}$

루트(root) 안에 덧셈이 들어가 있는 경우에는 우선 덧셈을 계산(計算)한다. 따라서,

$$\sqrt{9+16}=\sqrt{25}=5$$

와 같이 계산(計算)한다.

➸ 예제 2 $100\sqrt{2}$

이것은 $100\times\sqrt{2}$를 의미(意味)하고 있다. 따라서,

$$100\sqrt{2}=100\times1.41=141$$

이라는 수가 된다.

그런데, 교류(交流)의 실효(實效)값과 최대(最大)값 사이에는 다음과 같은 관계(關係)가 있다.

$$\text{최대(最大)값} = \sqrt{2}\times(\text{실효(實效)값})$$

따라서, "실효(實效)값 100[V]인 교류전압(交流電壓)의 최대(最大)값 [V]은 대략(大略) 얼마인가?"라는 물음에 대해서는

$$100\sqrt{2}=141[V]$$

로 계산(計算)한다.

➸ 예제 3 $\frac{100}{\sqrt{25}}$

이것은 $100 \div \sqrt{25}$ 를 의미(意味)하므로, 먼저 $\sqrt{25}$ 를 계산(計算)하고, 그 값으로 100을 나눈다. 따라서,

$$\frac{100}{\sqrt{25}}=\frac{100}{5}=20$$

과 같이 계산(計算)한다.

3-2 연습문제

(1) 다음을 계산(計算)하라.

① $\sqrt{2+2}$ ② $\sqrt{3^2+4^2}$ ③ $5\sqrt{4}$ ④ $5\sqrt{9+16}$

⑤ $\dfrac{100}{\sqrt{64}}$ ⑥ $\dfrac{100}{\sqrt{3^2+4^2}}$ ⑦ $\dfrac{141}{\sqrt{2}}$ ⑧ $\dfrac{200}{\sqrt{3}}$

(2) 실효(實效)값 200[V]인 정현파(正弦波) 교류전압(交流電壓)의 최대(最大)값 [V]은 대략(大略) 얼마인가?

① 400 ② 346 ③ 282 ④ 210

(3) 실효(實效)값 100[V]인 교류전압(交流電壓)을 20[Ω]의 저항(抵抗)에 인가(引加)하였을 때의 전류(電流)의 최대(最大)값 [A]은 대략(大略) 얼마인가?

① 5 ② 7.05 ③ 8.65 ④ 10

3.3 임피던스(Impedance)란 무엇인가?

- **질문 : 루트(root)의 계산(計算) 요령(要領)을 알았는데 실제(實際)로는 어떤 문제(問題)에서 루트(root)를 이용(利用)하는가?**
- **대답 :** 루트(root)의 계산(計算)을 이용(利用)하는 대표 예는 오른쪽 그림과 같은 회로(回路)에 흐르는 전류(電流)의 계산(計算)이다.

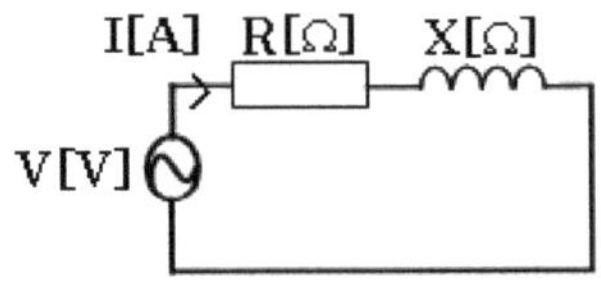

이와 같은 문제(問題)에서는 우선

$$Z=\sqrt{R^2+X^2}\,[\Omega]$$

으로 계산(計算)한다. R은 저항(抵抗), X는 유도(誘導) 리액턴스이며, 루트(root)를 이용(利用)하여 계산(計算)한 Z를 **임피던스**(Impedance)라고 부른다. 이 Z가 구해지면 전류(電流)는 다음 계산(計算)으로 구할 수 있다.

$$I=V\div Z=V\div\sqrt{R^2+X^2}$$

$$=\frac{V}{\sqrt{R^2+X^2}}[A]$$

그럼, 예제(例題)를 풀어 보자.

➽ **예제 1** 그림과 같은 교류회로(交流回路)에서 전원전압(電源電壓)이 100[V]일 때, 회로(回路)에 흐르는 전류(電流) [A]는 얼마인가?

① 4 ② 14.3 ③ 20 ④ 25

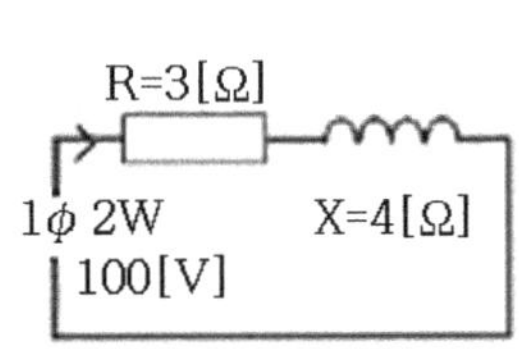

이 문제(問題)에서 회로(回路)의 임피던스(Impedance) Z는

$$Z=\sqrt{R^2+X^2}=\sqrt{3^2+4^2}=\sqrt{9+16}$$

$$=\sqrt{25}=5[\Omega]$$

으로 계산(計算)되므로, 전류(電流) I는

$$I=\frac{100}{5}=20[A]$$

라고 구해지며, 답은 3번이다. 또한 계산해 보면 다음과 같다.

$$I=\frac{V}{\sqrt{R^2+X^2}}=\frac{100}{\sqrt{3^2+4^2}}=\frac{100}{\sqrt{25}}$$

$$=\frac{100}{5}=20[A]$$

그림의 회로(回路)에서 흐르는 전류(電流)는

$$I=\frac{V}{Z}[A]$$

가 된다. Z는 임피던스(Impedance)이고, 다음 식(式)으로 계산(計算)된다.

$$Z=\sqrt{R^2+X^2}\,[\Omega]$$

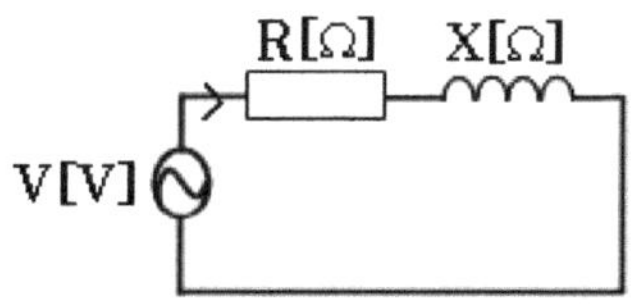

☞ 중요

3-3 연습문제

(1) 그림과 같은 교류회로(交流回路)에서 전원전압(電源電壓)이 100[V]일 때, 회로(回路)에 흐르는 전류(電流) [A]는 얼마인가?

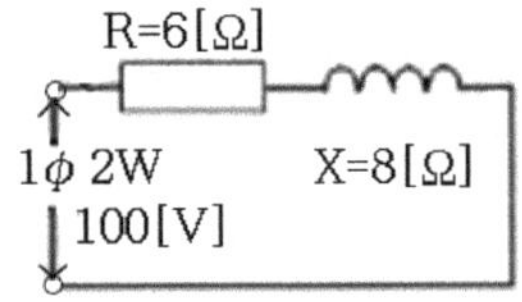

① 2　② 12.2　③ 10　④ 12.5

(2) 그림과 같은 교류회로(交流回路)에서 a, b 사이의 전압(電壓) V[V]는 얼마인가?

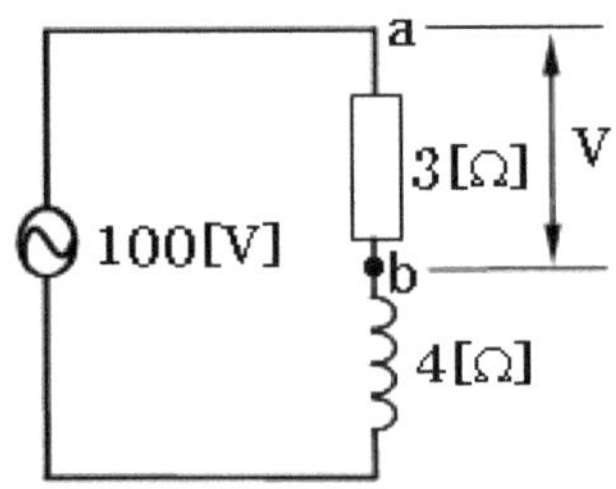

① 43　② 57　③ 60　④ 80

(3) 그림과 같은 교류회로(交流回路)에서 저항(抵抗) 8[Ω]의 양단(兩端) 사이의 전압(電壓) V[V]는 얼마인가?

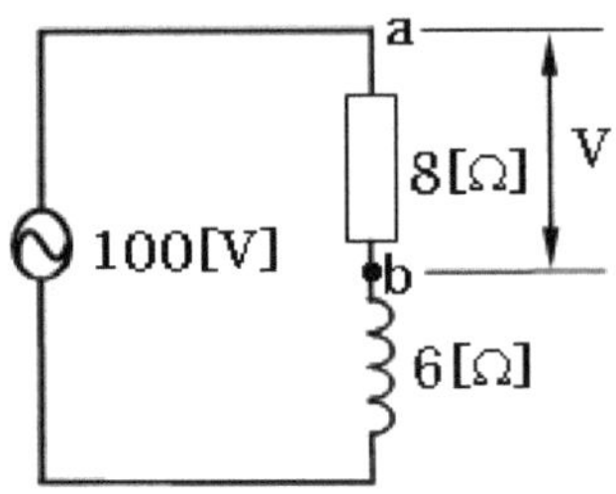

① 43　② 57　③ 60　④ 80

- **질문 : 그림 3.1의 회로(回路) 임피던스(Impedance)가 5[Ω]이 되므로 전류(電流)가**

$$\frac{100}{5} = 20[A]$$

되는 것은 알았으나, 그림 3.2의경우도 20[A]가 흐른다고 생각하는데, 같은 전류(電流)가 흐르는가?

- **대답** : 좋은 질문(質問)이다. 그림 3.3~3.5의 임피던스(Impedance)는

① 그림 3.3의 회로(回路)

$$Z_1 = \sqrt{R^2 + X^2} = \sqrt{5^2 + 0^2}$$

$$= \sqrt{5^2} = 5[\Omega]$$

② 그림 3.4의 회로(回路)

$$Z_2 = \sqrt{R^2 + X^2} = \sqrt{3^2 + 4^2}$$

$$= \sqrt{25} = 5[\Omega]$$

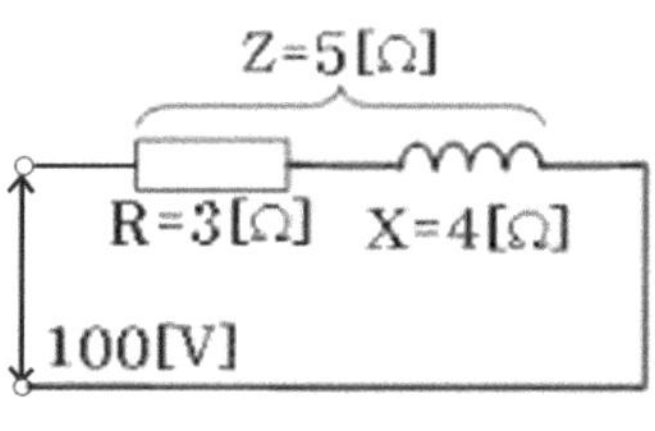

그림 3.1

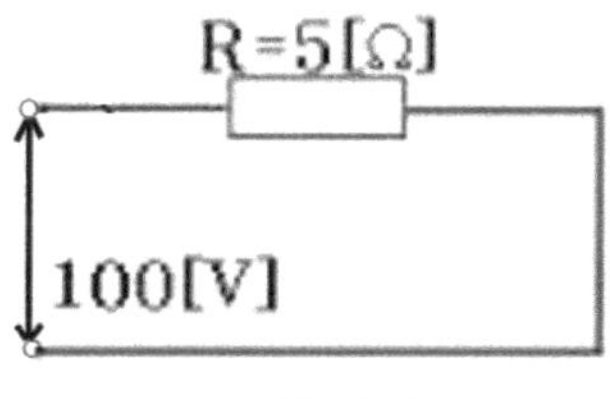

그림 3.2

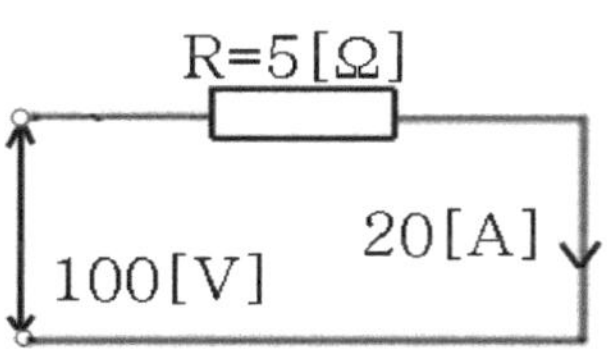

그림 3.3

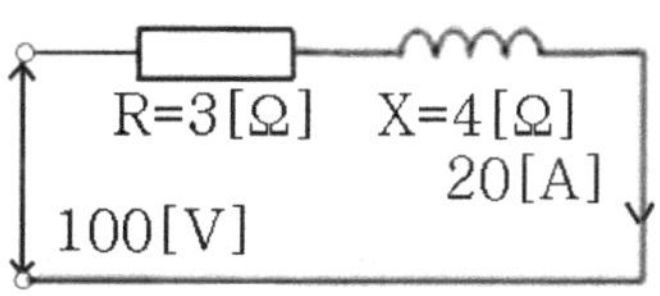

그림 3.4

③ 그림 3.5의 회로(回路)

$$Z_3 = \sqrt{R^2+X^2} = \sqrt{0^2+5^2}$$

$$= \sqrt{5^2} = 5[\Omega]$$

이 되므로 모든 경우에

$$I = \frac{100}{5} = 20[A]$$

인 크기의 전류(電流)가 흐른다.

그러나, 같은 크기의 전류(電流)라도 그림 3.6과 같이 파형(波形)에 차이(差異)가 생긴다.

100[V]인 전압(電壓)의 파형(波形)은 최대(最大)값이 $100\sqrt{2}[V]$이며,

$$+\ 100\sqrt{2}[V] \text{와 } -100\sqrt{2}[V]$$

사이를 그림 3.6과 같이 반복(反復)하여 가며, 그림 3.3의 $R=5[\Omega]$의 저항(抵抗)만의 경우는 최대(最大)값이 $20\sqrt{2}[A]$이고, 전압(電壓)과 같은 모양(模樣)의 파형(波形)이 된다.

이에 대하여 그림 3.5의 $X=5[\Omega]$의 코일만의 경우는 파형(波形)이 오른쪽으로 늦어지며, 전압(電壓)이 0일 때에 전류(電流)가 최대(最大)로 된다.

또한, 그림 3.4의 $R=3[\Omega]$과 $X=4[\Omega]$의 조합(組合)에서 $Z=5[\Omega]$이 되는 경우는 $R=3[\Omega]$과 $X=4[\Omega]$의 파형(波形)의 거의 중간(中間) 파형(波形)이 된다.

이상과 같이 $Z=5[\Omega]$이 되는 조합(組合)에는 여러 가지가 있으며, 어떤 경우도 실효(實效)값 20[A]의 전류(電流)가 흐르는데, R과 X의 크기의 비율(比率)에 의하여 파형(波形)의 차이(差異)가 생긴다.

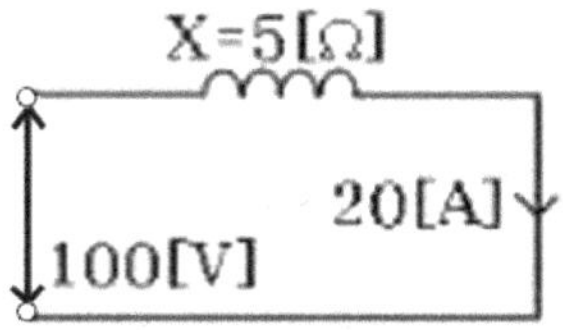
X=5[Ω]
20[A]
100[V]

그림 3.5

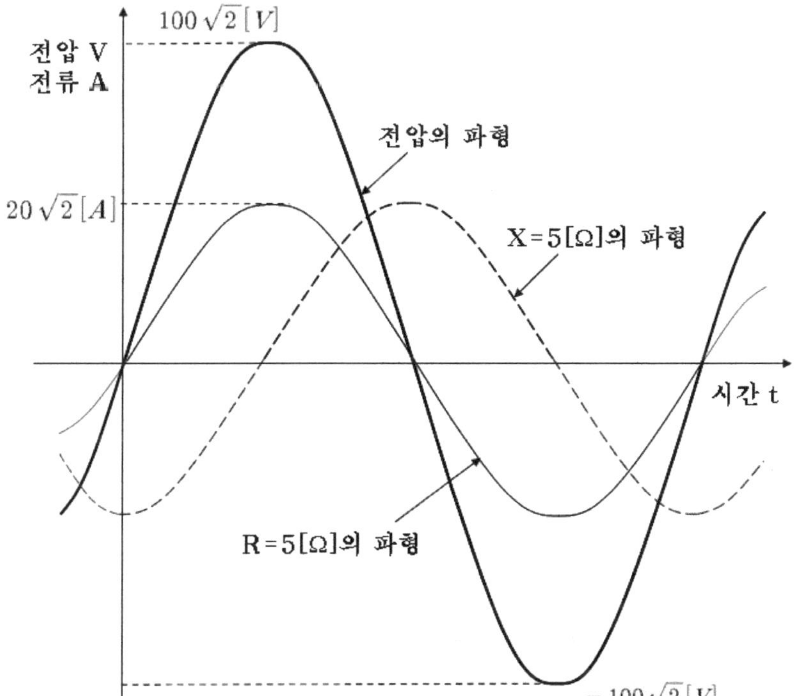
100√2[V]
전압 V
전류 A
전압의 파형
20√2[A]
X=5[Ω]의 파형
시간 t
R=5[Ω]의 파형
−100√2[V]

그림 3.6

3-4 연습문제

(1) 저항(抵抗)만의 회로(回路)에 교류(交流)를 통한 경우, 각 순시(瞬時)에 대하여 전류(電流) i과 전압(電壓) e의 관계(關係)를 나타낸 것은 다음 중 어느 것인가?

① 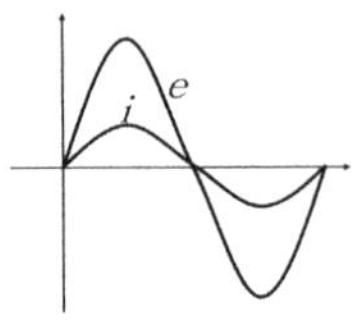

② 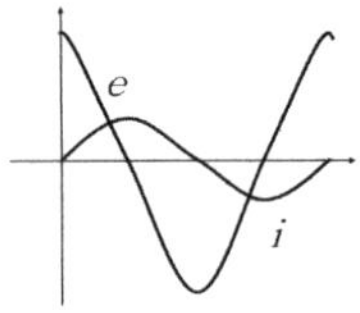

③ 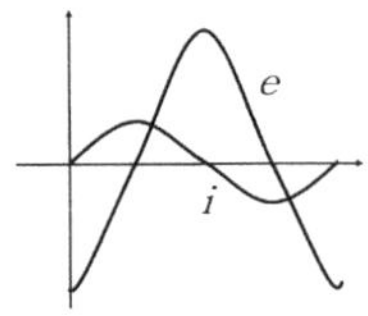

④ 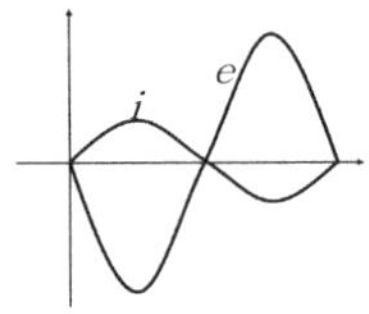

(2) 그림과 같은 교류회로(交流回路)의 전압(電壓) v에 전류(電流) i의 파형(波形)으로서 바른 것은 어느 것인가?

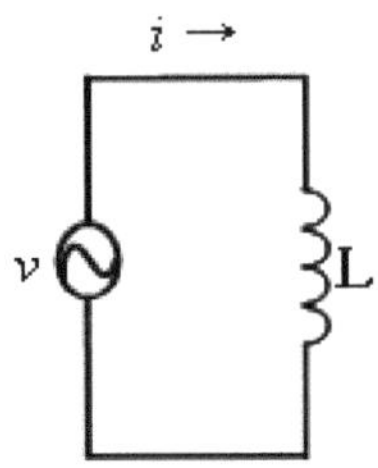

① 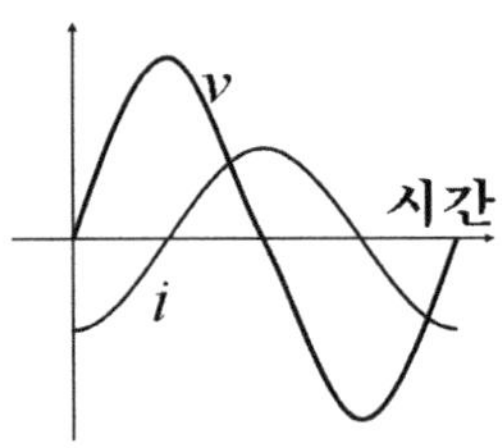

② 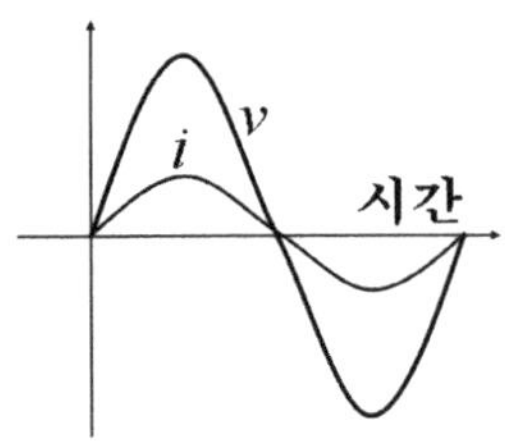

③ 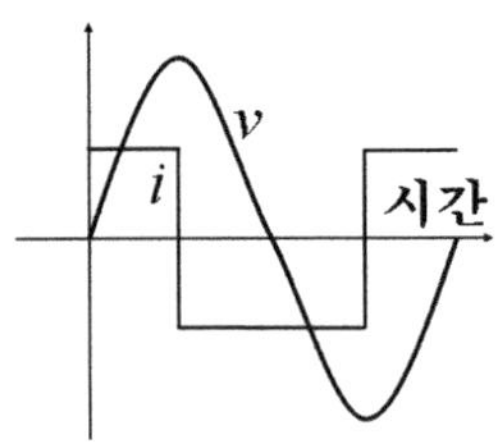

④ 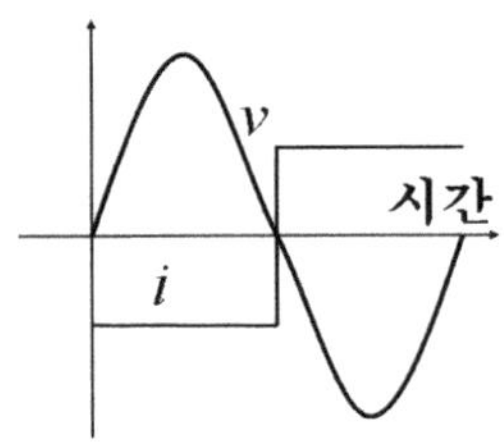

(3) 그림과 같은 교류회로(交流回路)의 전압(電壓) v에 대한 전류(電流) i의 파형(波形)으로서 바른 것은 어느 것인가?

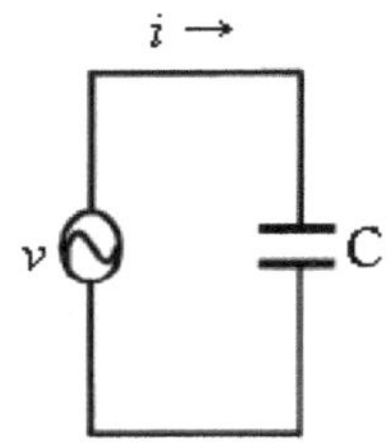

①

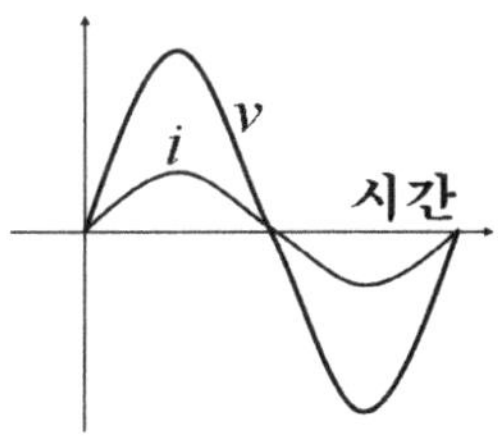

②

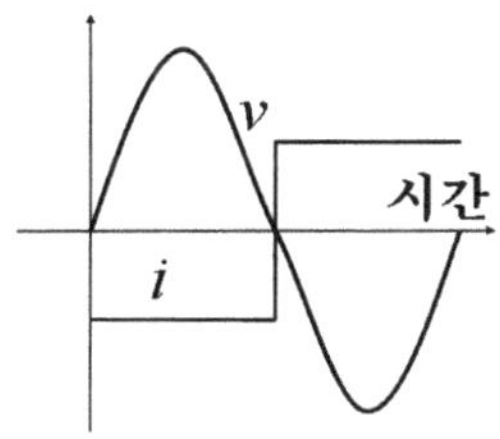

③

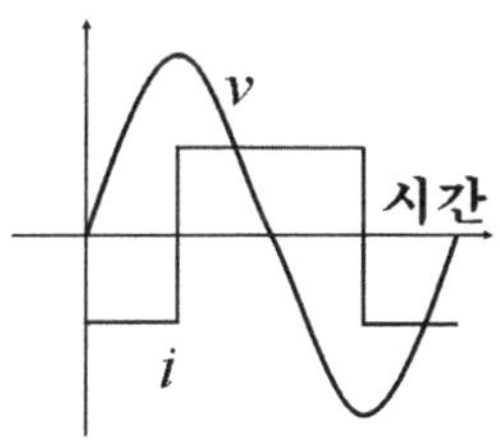

④

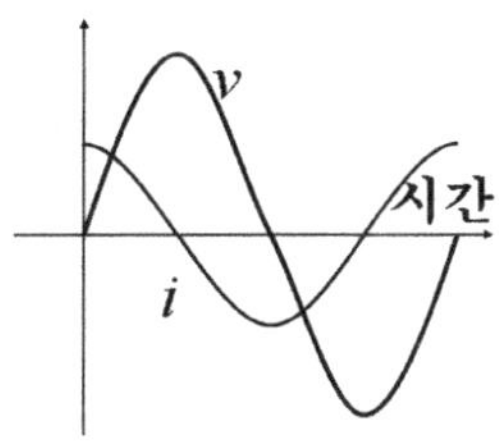

3.4 삼상교류(三相交流) 계산(計算)에도 도전(挑戰)

- **질문 : 루트(root)를 이용(利用)하여 임피던스(Impedance)를 계산(計算) 하는 것은 알았는데, $\sqrt{3}$을 이용(利用)한 3상 교류(三相交流) 계산(計算)에 대해서도 알려달라.**
- **대답 :** 먼저 가장 기본적(基本的)인 오른쪽 그림의 3상회로(三相回路)에 대해서 설명(說明)하자.

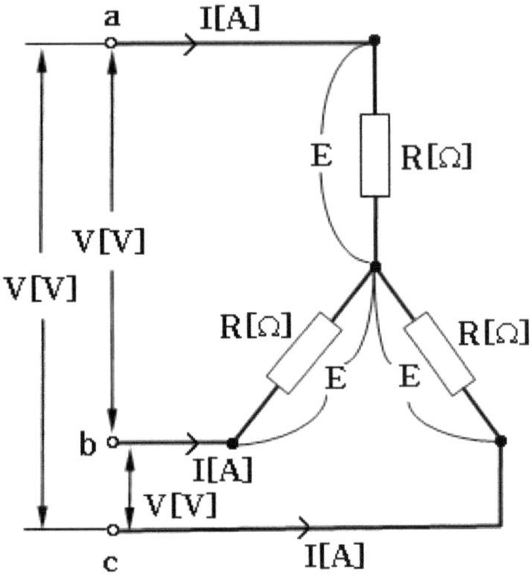

전원측(電源側)에 연결(連結)된 단자(端子) a, b, c 사이의 전압(電壓) $V[V]$를 선간전압(線間電壓)이라고 한다.

다음으로 부하(負荷)를 보면 人의 형태(形態)로 연결(連結)되어 있다. 이와 같은 연결법(連結法)을 人 (스타) 결선(結線), Ki結線) 또는 **성형결선**(星形結線)이라고 한다.

성형결선(星形結線)의 하나의 부하(負荷)에 걸리는 전압(電壓) $E[V]$를 상전압(相電壓)이라고 하며, 선간전압(線間電壓) $V[V]$와 상전압(相電壓) $E[V]$ 사이에는

$$E = V \div \sqrt{3} = \frac{V}{\sqrt{3}}$$

의 관계(關係)가 있다.

단자(端子) a, b, c로부터는 같은 크기의 전류(電流)가 흘러 들어온다. 이 크기는 $R[\Omega]$에 $E[V]$가 인가(引加)됨으로서,

$$I = E \div R = \frac{E}{R}[A]$$

가 된다.

저항(抵抗) R 하나에서의 소비전력(消費電力) P_1은

$$P_1 = R \times I^2 [W]$$

으로 계산(計算)되므로, 3상회로(三相回路) 전체(全體)에서는 저항(抵抗) R이 3개 있으므로 P_1을 3배하여

$$P = 3 \times P_1 = 3 \times R \times I^2 = 3RI^2 [W]$$

라는 소비전력(消費電力)이 된다.

그럼, 예제(例題)를 풀어 보자.

➻ **예제 1** 그림과 같은 3상 부하(負荷)에 3상 교류전압(三相交流電壓)을 인가(引加)하였을 때, 각 상에 10[A]의 전류(電流)가 흘렀다. 선간전압(線間電壓) [V]은 대략(大略) 얼마인가?

① 170 ② 208 ③ 210 ④ 240

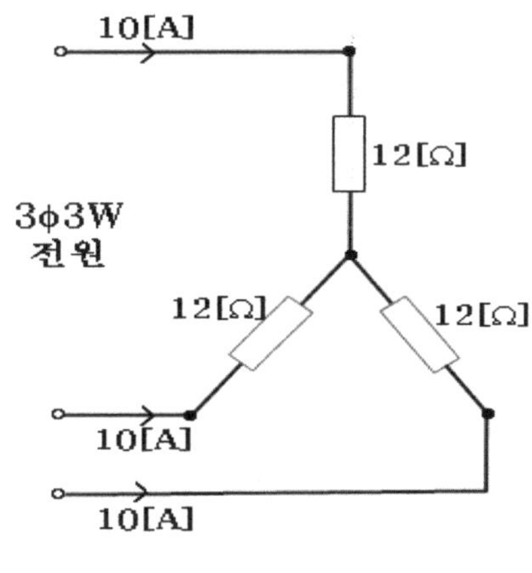

12[Ω]의 저항(抵抗)에 인가(引加)되는 전압(電壓)은

$$E = I \times R = 10 \times 12 = 120[V]$$

상전압(相電壓) E와 선간전압(線間電壓) V는

$$V = \sqrt{3}E$$

의 관계(關係)가 있으므로

$$V = \sqrt{3} \times 120 = 1.73 \times 120 = 207.6[V]$$

로 계산(計算)할 수 있으며, ②가 정답(正答)이 된다.

➽ 예제 2 그림과 같은 3상 부하(負荷)에 전압(電壓) 200[V]를 인가(引加)하였을 때의 소비전력(消費電力) [kW]는 얼마인가?

① 4 ② 6 ③ 8 ④ 12

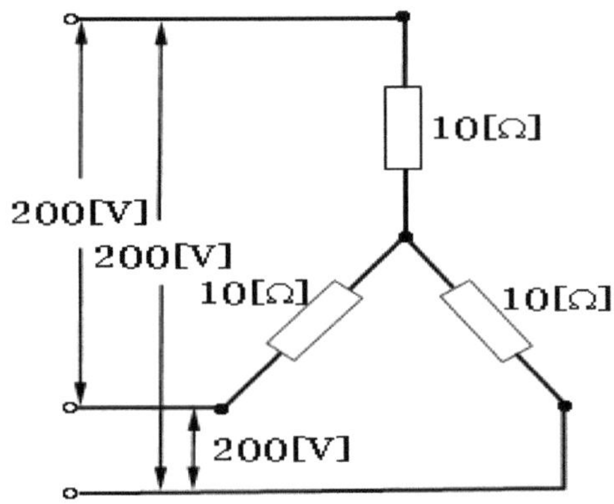

10[Ω]의 저항(抵抗)에 인가(引加)되는 전압(電壓)은

$$E = \frac{200}{\sqrt{3}}[V]$$

가 된다.

10[Ω]의 저항(抵抗)에 흐르는 전류(電流)는

$$I=\frac{E}{R}=\frac{200}{\sqrt{3}}\div 10=\frac{200}{\sqrt{3}}\times\frac{1}{10}=\frac{20}{\sqrt{3}}[A]$$

가 된다.

전 소비전력(消費電力)은

$$P=3RI^2=3\times 10\times(\frac{20}{\sqrt{3}})^2=3\times 10\times\frac{20\times 20}{\sqrt{3}\times\sqrt{3}}$$

$$=\frac{3\times 10\times 20\times 20}{3}=4{,}000[W]$$

1,000[W]가 1[kW]가 되므로, $P=4[kW]$가 된다.

따라서, ① 이 정답(正答)이 된다.

(1) 상전압(相電壓) $E[V]$는

$$E=\frac{V}{\sqrt{3}}[V]$$

중요

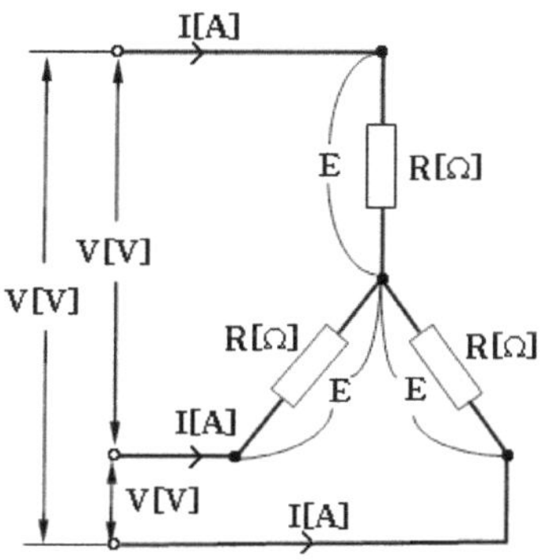

(2) 각 선에 흐르는 전류(電流)는

$$I=\frac{E}{R}[A]$$

(3) 3상의 소비전력(消費電力)은

$$P=3RI^2[W]$$

3-5 연습문제

(1) 그림과 같은 3상 교류회로(交流回路)에서 전류계(電流計) Ⓐ의 지시(指示)값 [A]은 대략(大略) 얼마인가?

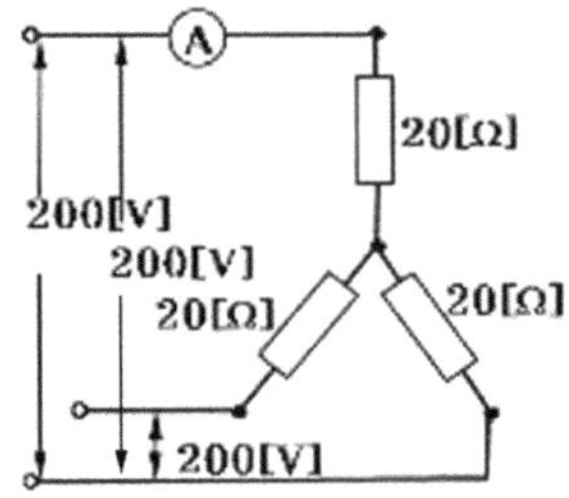

① 5 ② 5.8 ③ 8.2 ④ 10

(2) 그림과 같은 대칭(對稱) 3상 교류회로(三相交流回路)에서 단자전압(端子電壓)이 V[V], 전류계(電流計) Ⓐ의 지시(指示)값이 I[A]이었다. 부하(負荷)의 저항(抵抗) R[Ω]은 얼마인가?

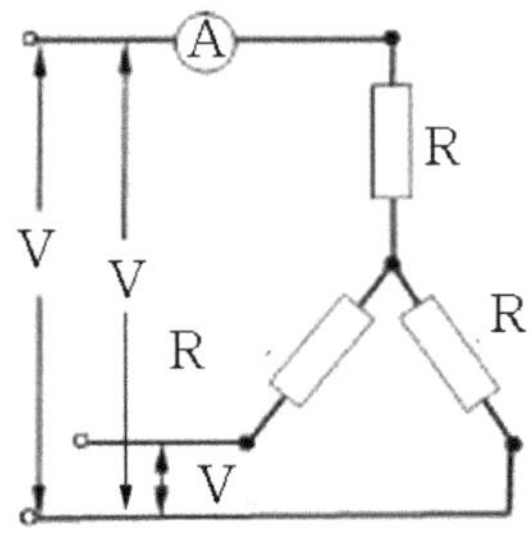

① $\dfrac{V}{3I}$ ② $\dfrac{3V}{I}$ ③ $\dfrac{V}{\sqrt{3}I}$ ④ $\dfrac{\sqrt{3}V}{I}$

(3) 그림과 같이 저항(抵抗) R[Ω]을 성형(星形)으로 접속(接續)한 회로(回路)에 3상전압(三相電壓) V[V]를 인가(引加)하였을 때의 전 소비전력(消費電力) [W]은 얼마인가?

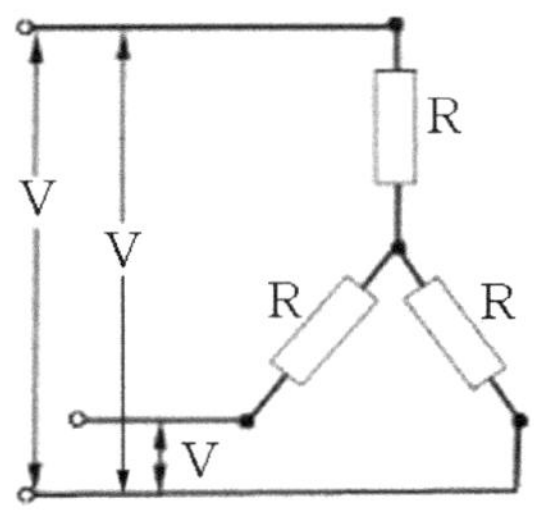

① $\dfrac{V^2}{R}$ ② $\dfrac{V^2}{\sqrt{3}R}$ ③ $\dfrac{\sqrt{3}V^2}{R}$ ④ $\dfrac{V^2}{3R}$

- **질문 : 성형결선(星形結線)에 대해서는 알았으므로, 다음으로 델타결선(Δ結線)에 대해서 알아보라.**
- **대답 :** 아래 그림과 같이 부하(負荷)가 Δ의 형태(形態)로 연결(連結)된 결선(結線)을 Δ(델타)결선(結線) 또는 삼각결선(三角結線)이라고 한다.

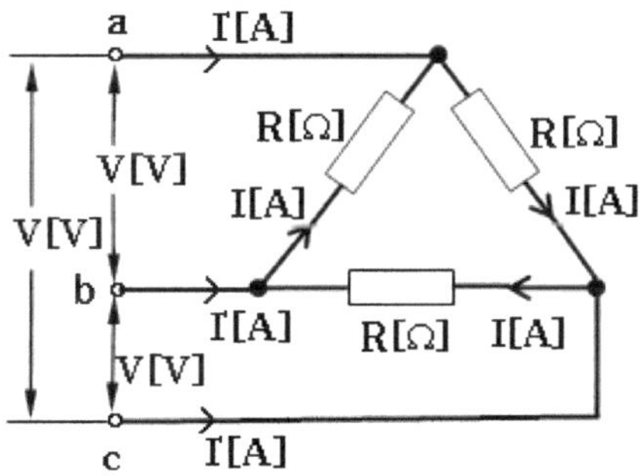

Δ결선(結線)에서 R[Ω]의 저항(抵抗)에 인가(引加)되는 전압(電壓)은 $V[V]$이므로, R[Ω]에 흐르는 전류(電流)는

$$I = V \div R = \frac{V}{R}[A]$$

가 된다.

Δ결선(結線)에서 단자(端子) a, b, c로부터 흘러들어오는 전류(電流) I′[A]는 저항(抵抗) R[Ω]에 흐르는 전류(電流)의 $\sqrt{3}$배가 된다.

$$I' = \sqrt{3} \times I = \sqrt{3} \times \frac{V}{R} = \frac{\sqrt{3}\,V}{R}[A]$$

이 되며. 소비전력(消費電力)은 저항(抵抗) 하나에서의 값이

$$P_1 = RI^2[W]$$

이 되므로 3상회로(三相回路) 전체(全體)로서는 P_1을 3배하여

$$P = 3RI^2[W]$$

이 된다.

그럼, 예제(例題)를 풀어보자.

➤➤ **예 제** 3상 200[V]의 전원(電源)에 위의 그림과 같은 부하(負荷)를 접속(接續)하였을 때, 전류계(電流計) Ⓐ의 지시(指示)값 [A]는 대략(大略) 얼마인가?

① 12 ② 20 ③ 35 ④ 40

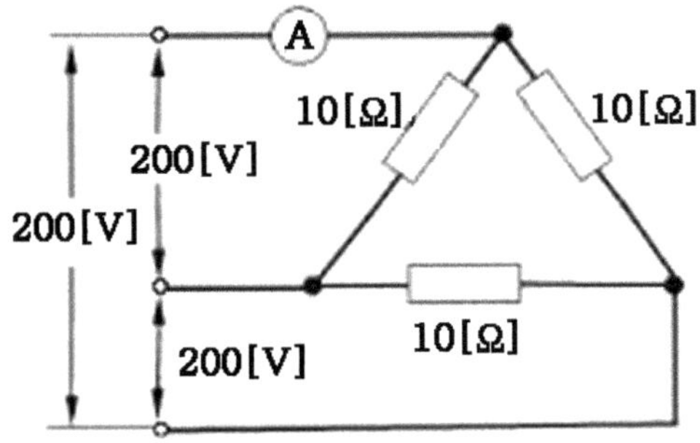

10[Ω]의 저항(抵抗)에 흐르는 전류(電流)는

$$I = V \div R = 200 \div 10 = 20[A]$$

가 된다.

단자(端子)로부터 흘러들어오는 전류(電流) I'는 I의 $\sqrt{3}$배가 되므로

$$I' = \sqrt{3} \times I = 1.73 \times 20 = 34.6[A]$$

가 되며, ③이 정답(正答)이 된다.

(1) 저항(抵抗) R[Ω]에 흐르는 전류(電流)는 ☞ **중요**

$$I = \frac{V}{R}[A]$$

(2) 단자(端子)로부터 흘러들어오는 전류(電流)는

$$I' = \sqrt{3}\,I[A]$$

(3) 3상의 소비전력(消費電力)은

$$P = 3RI^2[W]$$

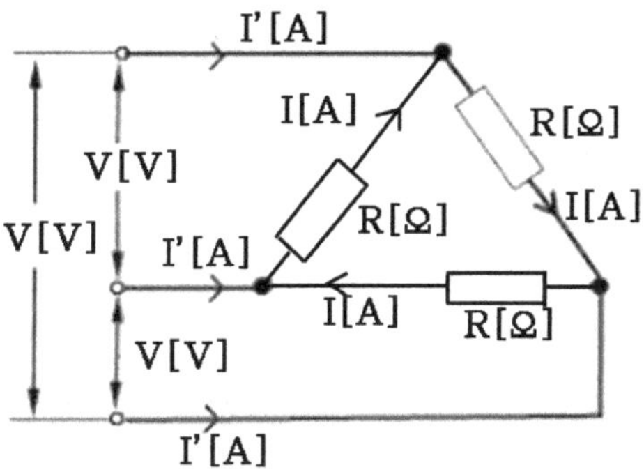

3-6 연습문제

(1) 그림과 같이 20[Ω]의 저항(抵抗)을 Δ결선(結線)으로 접속(接續)하고 3상 평형전압(三相平衡電壓) 200[V]를 인가(引加)한 경우, 전 소비 전력(消費電力) [kW]의 값은 얼마인가?

① 3　　② 4　　③ 7.2　　④ 9.6

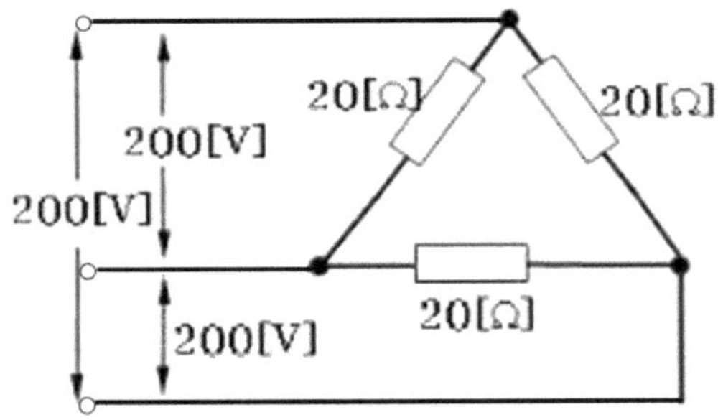

(2) 그림과 같은 대칭(對稱) 3상 200 [V]의 회로(回路)에서 전류계(電流計) Ⓐ의 지시(指示)값은 대략(大略) 몇 [A]인가?

① 11.5　② 17.3　③ 20.0　④ 34.6

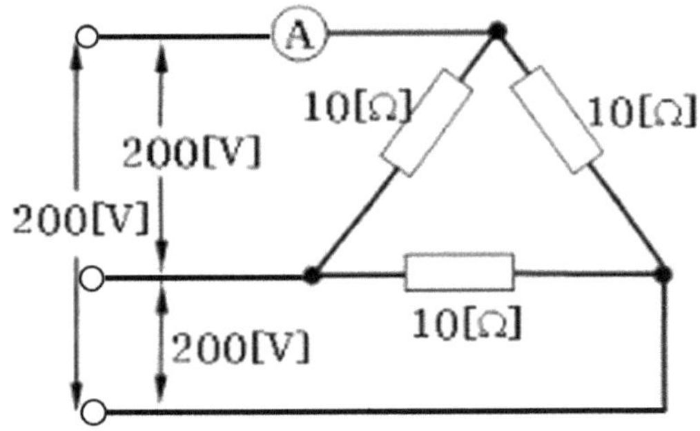

(3) 3상 전원(三相 電源)에 그림과 같은 부하(負荷)를 접속(接續)하였을 때의 전류계(電流計) Ⓐ의 지시(指示)값을 $I_1[A]$, b상의 퓨즈가 끊어진 상태(狀態)에서의 전류계(電流計) Ⓐ의 지시(指示)값을 $I_2[A]$라 할 때, 다음 중 정답(正答)은 어느 것인가? 단, 부하(負荷)의 저항(抵抗)값은 변하지 않는다고 한다.

① $\begin{cases} I_1 = 17.3 \\ I_2 = 15 \end{cases}$ ② $\begin{cases} I_1 = 20 \\ I_2 = 15 \end{cases}$ ③ $\begin{cases} I_1 = 17.3 \\ I_2 = 8.6 \end{cases}$ ④ $\begin{cases} I_1 = 20 \\ I_2 = 8.6 \end{cases}$

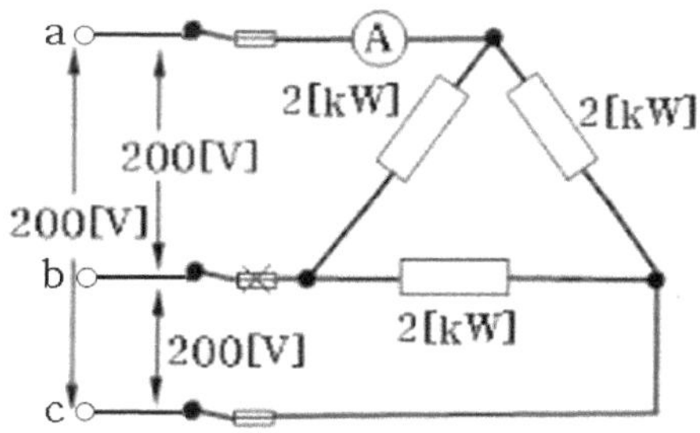

(4) 그림과 같은 3상3선식 회로(三相三線式 回路)의 전 소비전력(消費電力) [kW]은 얼마인가?

① 2.4 ② 3.2 ③ 7.2 ④ 9.6

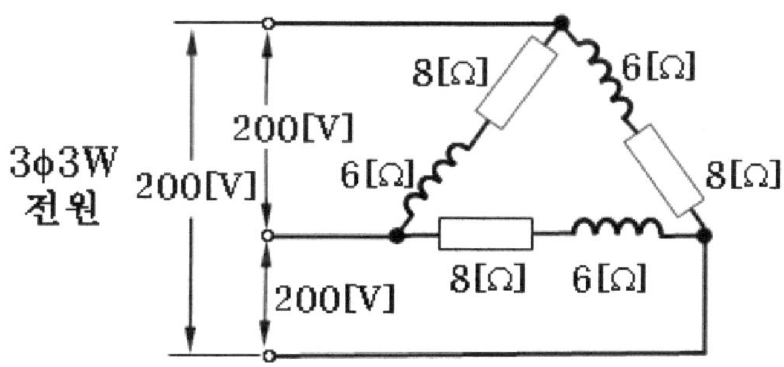

4장 쉬운 문자식의계산

문자식에 의한 배수의 계산

4.1 문자식(文字式)이란 무엇인가?

- **질문 : 문자식(文字式)이란 무엇인가? 또한, 문자(文字)를 이용(利用)하여 식(式)을 나타내는 요령(要領)을 알기 쉽게 설명(說明)하라.**
- **대답 :** 문자식(文字式)이라도 하여도 특별(特別)히 어려운 것은 없다.

먼저 그림 4.1을 보자. 이 회로(回路)에서 흐르는 전류(電流)는

$$I = 100 \div 10 = 10[A]$$

가 된다.

그럼 전압(電壓)을 $V[V]$, 저항(抵抗)을 $R[\Omega]$으로 나타낸 그림 4.2에서는 어떻게 될까?

$$I = V \div R = \frac{V}{R}[A]$$

가 된다.

이와 같이 구체적(具體的) 수치(數値) 대신에 V나 R 등의 문자(文字)를 이용(利用)하여 식(式)을 문자식(文字式)이라고 한다. 문자식(文字式)에서의 덧셈, 뺄셈은 통상(通常)의 Ki수치(數値)를 이용(利用)한 식(式)과 마찬가지로

A 더하기 B : A + B, A 빼기 B : A - B

로 나타내는데 곱셈은

A 곱하기 B : A × B = AB

(일반적(一般的)으로 ×는 생략(省略)한다.)

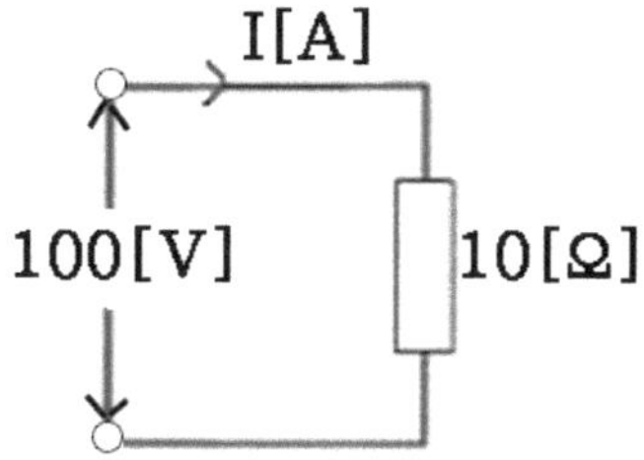

그림 4.1

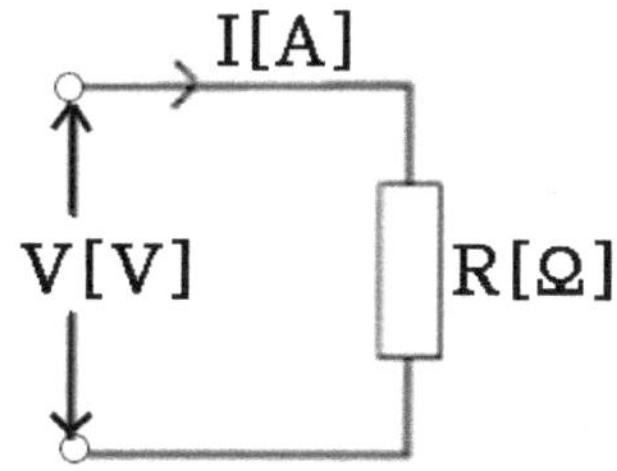

그림 4.2

나눗셈은

$$\text{A 나누기 B : A} \div \text{B} = \frac{A}{B}$$

(일반적(一般的)으로 분수(分數)로 나타낸다.) 와 같이 나타낸다.

한편, 수치(數値)와 문자(文字)를 이용(利用)하는 경우는

$$A \times 10 = 10 \times A = 10A$$

$$A \div 10 = \frac{10}{A}, \ 10 \div A = \frac{10}{A}$$

와 같이 나타낸다.

또한, 하나의 식(式) 안의 같은 문자(文字)는 같은 수치(數値)로서 취급(取扱)할 수 있는데 예를 들면

$$\frac{B}{A} + \frac{D}{A} = \frac{B+D}{A}, \ \frac{B}{A} \times \frac{A}{C} = \frac{B \times A}{A \times C} = \frac{B}{C}$$

(1) 문자식(文字式)의 곱셈은 일반적(一般的)으로 ×(곱하기)는 생략(省略)한다. **중요**

$$\text{A} \times \text{B} = \text{AB}, \ 10 \times A = 10A$$

(2) 문자식(文字式)의 나눗셈은 일반적(一般的)으로 분수(分數)로 나타낸다.

$$A \div B = \frac{A}{B},\ 10 \div B = \frac{10}{B},\ B \div 10 = \frac{B}{10}$$

(3) 하나의 식(式) 안의 같은 문자(文字)는 같은 수치(數値)로서 취급(取扱)하며, 통분(通分이나 약분(約分)할 수 있다.

$$\frac{B}{A} + \frac{D}{A} = \frac{B+D}{A},\ \frac{B}{A} \times \frac{A}{C} = \frac{B}{C}$$

4-1 연습문제

다음의 문자식(文字式)을 계산(計算)하여라.

① $\frac{A}{C}+\frac{B}{C}$

② $\frac{B}{A}+\frac{C}{3A}$

③ $\frac{B}{2A}-\frac{B}{3A}$

④ $\frac{BC}{A}\times\frac{B}{C}$

⑤ $\frac{1}{A}+\frac{1}{B}$

⑥ $\frac{1}{\frac{1}{A}+\frac{1}{B}}$

4.2 문자(文字)를 이용(利用)한 식(式)을 나타내 보자

- **질문 : 시험(試驗)에 출제(出題)되는 내용(內容)에 대하여 문자식(文字式)을 세우는 방법(方法)을 알아보라.**
- **대답 :** 복습(復習)을 겸하여 지금까지 나온 중요(重要) 공식(公式)을 정리(整理)하면 문자식(文字式)을 세우는 방법(方法)을 학습(學習)하기로 하자.

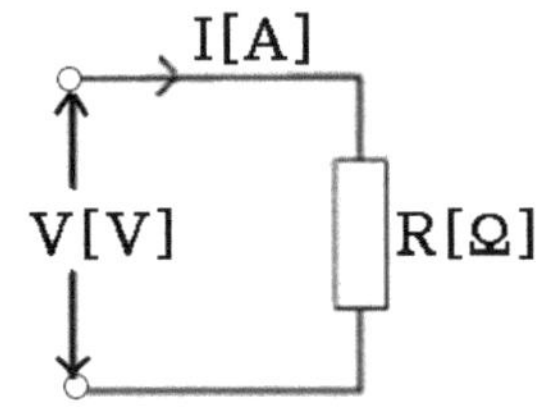

<1> 오옴(Ohm)의 법칙(法則)

$$V = IR \tag{4.1}$$

식 (4.1)을 변형(變形)하여 다음의 $\boxed{}$ 안에 들어갈 문자(文字)를 생각해 보자.

$$\begin{cases} R = \dfrac{\boxed{(1)}}{\boxed{(2)}} \\[2ex] I = \dfrac{\boxed{(3)}}{\boxed{(4)}} \end{cases}$$

식 (4.1)의 양변(兩邊)을 I로 나누면

$$\frac{V}{I} = \frac{\cancel{I}R}{\cancel{I}} = R \quad \therefore\ R = \frac{V}{I}$$

가 된다. 이로부터 (2)는 I, (1)은 V가 됨을 알 수 있다. 다음으로, 식 (4.1)의 양변(兩邊)을 R로 나누면

$$\frac{V}{R} = \frac{I\cancel{R}}{\cancel{R}} = I \quad \therefore\ I = \frac{V}{R}$$

가 된다. 이로부터 (4)는 R, (3)은 V가 됨을 알 수 있다.

<2> 합성저항(合成抵抗)

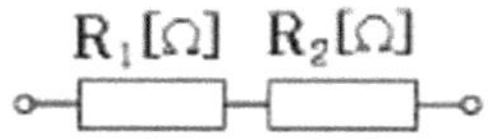

그림 4.3과 같이 $R_1[\Omega]$과 $R_2[\Omega]$이 직렬(直列)로 연결(連結)되었을 때의 합성저항(合成抵抗)은

$$R_0 = R_1 + R_1[\Omega]$$

이 된다.

그림 4.4와 같이 $R_1[\Omega]$과 $R_2[\Omega]$이 병렬(竝列)로 연결(連結)되었을 때의 합성저항(合成抵抗)은

$$R_0 = \frac{R_1R_2}{R_1 + R_2}[\Omega]$$

이 된다.

그럼, 그림 4.5의 합성저항(合成抵抗)은 얼마가 될까?

우선, 병렬(竝列) 부분(部分)에 대해서 계산(計算)하면

$$R_1 = \frac{RR}{R+R}$$

이 된다. R을 같은 수로서 취급(取扱)하여 합성저항(合成抵抗)은

$$R_1 = \frac{RR}{2\times R} = \frac{R\cancel{R}}{2\cancel{R}} = \frac{R}{2}$$

이 된다.

다음으로, 그림 4.6와 같이 생각하여

$$R_0 = R + \frac{R}{2} = \frac{2R}{2} + \frac{R}{2} =$$
$$= \frac{3R}{2}$$

이 된다.

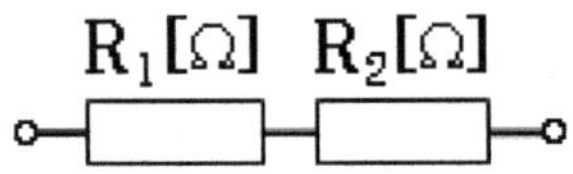

그림 4.3

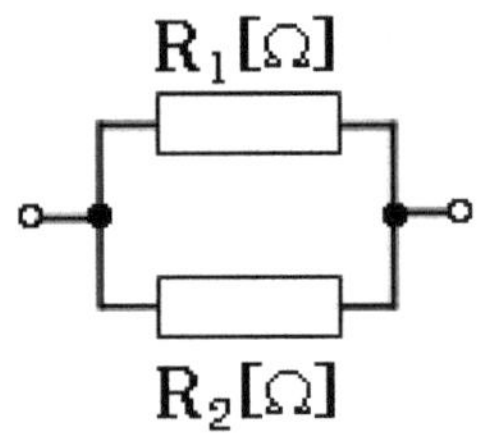

그림 4.4

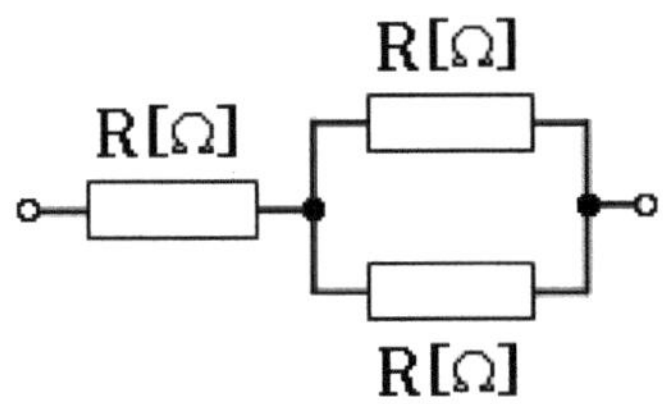

그림 4.5

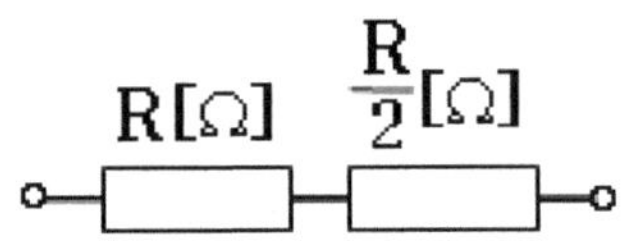

그림 4.6

<3> 소비전력(消費電力)

그림 4.7과 같이 저항(抵抗) $R[\Omega]$에서 소비(消費)되는 전력(電力)은

$$P = RI^2 \ [W] \tag{4.2}$$

가 된다. 그럼, 다음 □ 안에 들어갈 문자(文字)는 무엇인가?

$$P = \frac{\boxed{(1)}}{R} [W]$$

이것은 다음과 같이 하여 구할 수 있다. 전류(電流) I는

$$I = \frac{V}{R} \ [A]$$

가 되므로, 이것을 식 (4.2)에 대입(代入)하면

$$P = R \cdot \left(\frac{V}{R}\right)^2 = \frac{RV^2}{R^2} = \frac{V^2}{R}\,[W]$$

가 된다. 따라서, (1)은 V^2이 된다.

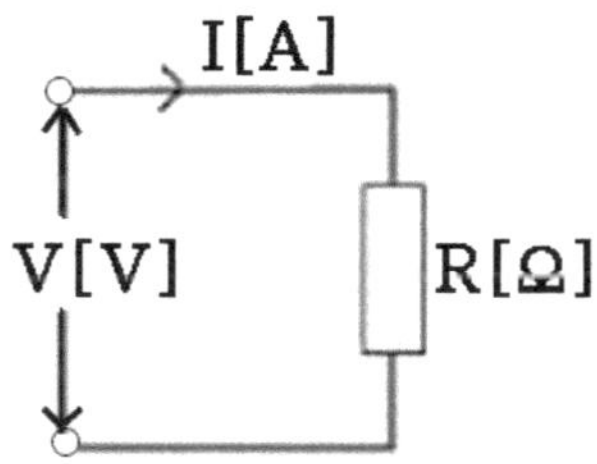

그림4.7

<4> 전선(電線)의 저항(抵抗)

그림 4.8과 같은 직경(直徑) D[mm], 길이 l[m], 저항률(抵抗率) ρ [Ω·㎟/m]의 저항(抵抗)은

$$R = \rho\frac{l}{S} = \frac{\rho l}{\frac{\pi D^2}{4}}\,[\Omega]$$

이 된다.

<5> 임피던스(Impedance)

그림 4.9의 교류회로(交流回路)의 임피던스(Impedance)는

$$Z = \sqrt{R^2 + X^2}\,[\Omega]$$

이 된다.

흐르는 전류(電流)는

$$I=\frac{V}{Z} \tag{4.3}$$

$$=\frac{V}{\sqrt{R^2+X^2}}[A]$$

이 된다.

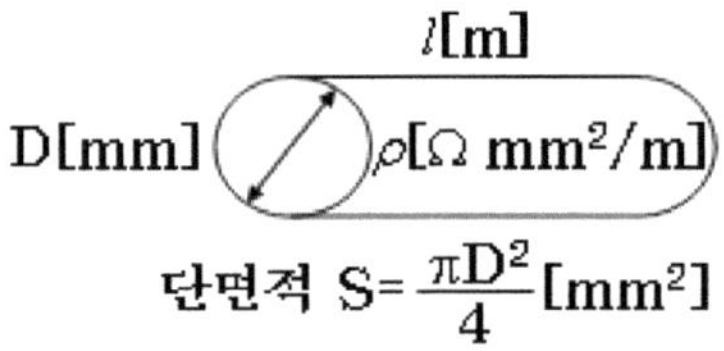

그림 4.8

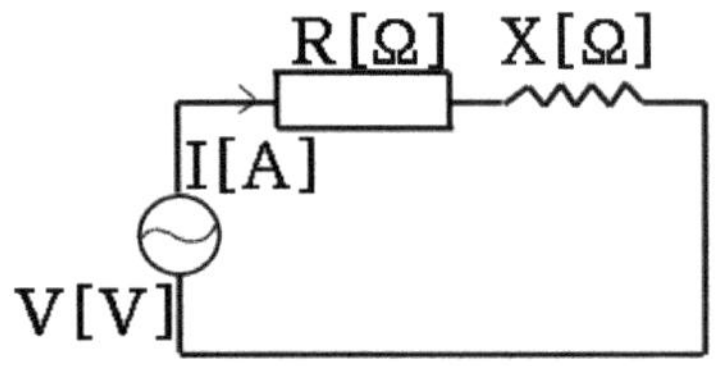

그림 4.9

소비전력(消費電力)은

$$P=RI^2[W]$$

이 된다. 그럼, 다음 $\boxed{}$ 안에는 어떤 문자식(文字式)이 들어갈까?

$$P=\frac{RV^2}{\boxed{(1)}}[W]$$

$P=RI^2$에 식 (4.3)을 대입(代入)하면

$$P=R\left(\frac{V}{\sqrt{R^2+X^2}}\right)^2=\frac{RV^2}{(\sqrt{R^2+X^2})^2} \tag{4.4}$$

이 된다. 여기서, $\sqrt{A}$는 2승(承)하면 A가 되는 수였다.

따라서, $(\sqrt{A})^2=A$가 되므로 $(\sqrt{R^2+X^2})^2=R^2+X^2$가 된다. 이것을 식

(4.4)에 대입(代入)하면

$$P=\frac{RV^2}{R^2+X^2}[W]$$

가 되며, (1)은 R^2+X^2이 된다.

중요

(1) 오옴의 법칙(法則)

$$V=IR[V]\begin{cases}(1)\,R=\dfrac{V}{I}[\Omega]\\ (2)\,I=\dfrac{V}{R}[A]\end{cases}$$

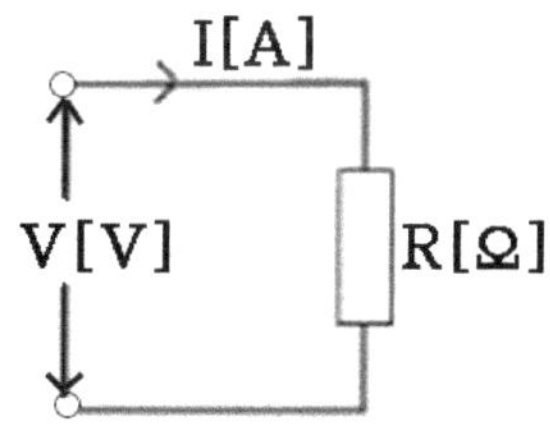

(2) 합성저항(合成抵抗)

[1] 직렬접속 $R=R_1+R_2\,[\Omega]$

[2] 병렬접속 $R=\dfrac{R_1R_2}{R_1+R_2}[\Omega]$

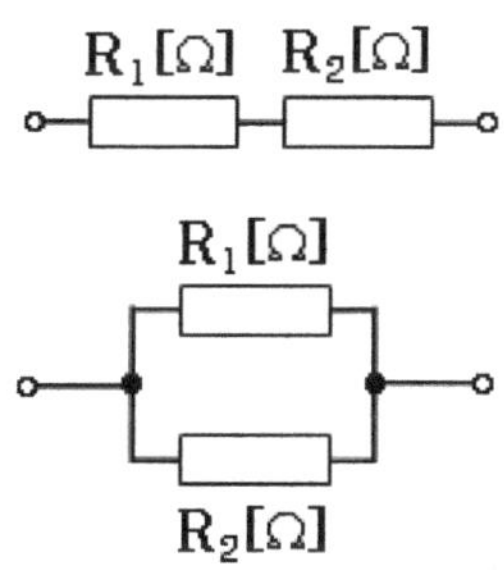

(3) 소비전력(消費電力)

$$P=RI^2=\frac{V^2}{R}[W]$$

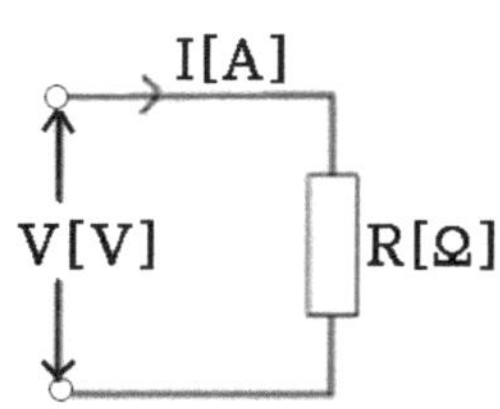

(4) 전선(電線)의 저항(抵抗)

$$R=\frac{\rho l}{\frac{\pi D^2}{4}}[\Omega]\begin{cases}\rho\ :\text{저항율}[\Omega \cdot mm^2/m]\\ l\ :\text{길이}[m]\\ D:\text{직경}[mm]\end{cases}$$

(5) 임피던스(Impedance)

$$Z=\sqrt{R^2+X^2}\,[\Omega]$$

$$I=\frac{V}{\sqrt{R^2+X^2}}[A]$$

$$P=RI^2$$

$$=\frac{RV^2}{R^2+X^2}[W]$$

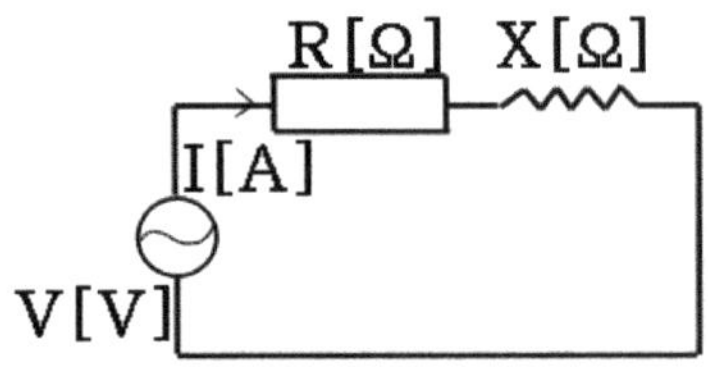

4-2 연습문제

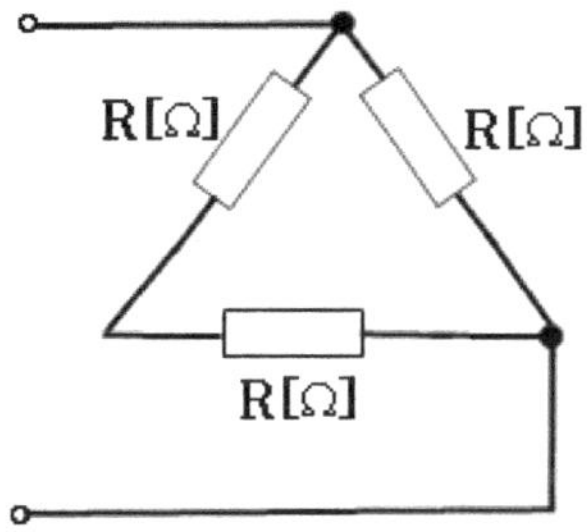

(1) 그림의 합성저항(合成抵抗)은 몇[Ω]인가?

① $\frac{R}{2}$ ② $\frac{R}{3}$

③ $\frac{2R}{3}$ ④ $\frac{3R}{2}$

(2) 저항률(抵抗率) ρ[Ω·㎟/m], 굵기 (직경(直徑)) D[mm], 길이 l[m]인 도선(導線)의 저항(抵抗) [Ω]을 나타내는 식(式)은 어느 것인가?

① $\frac{4\rho l}{\pi D^2}$ ② $\frac{\rho l}{\pi D^2}$ ③ $\frac{4\rho l}{\pi D}$ ④ $\frac{\rho l^2}{\pi D}$

(3) 아래그림과 같은 회로(回路)에 교류전압(交流電壓) $E[V]$를 인가(引加)하였을 때, 회로(回路)의 소비전력(消費電力) $P[W]$를 나타내는 식(式)은 어느 것인가?

① $\frac{E^2}{R}$ ② $\frac{E^2}{\sqrt{R^2+X^2}}$ ③ $\frac{XE^2}{R^2+X^2}$ ④ $\frac{RE^2}{R^2+X^2}$

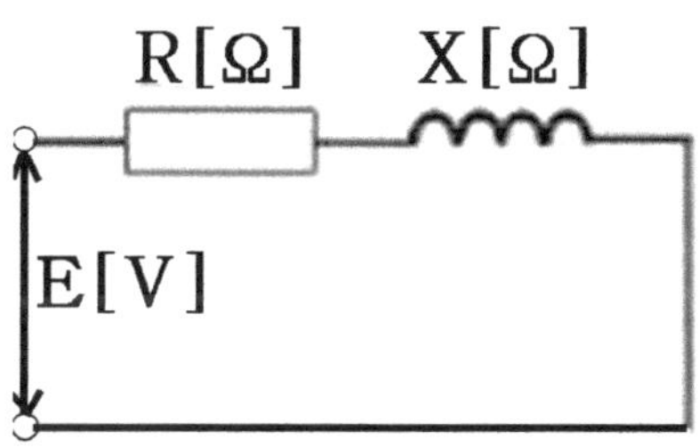

(4) 그림과 같은 회로(回路)의 전류(電流) I를 나타내는 식(式)은 어느 것인가?

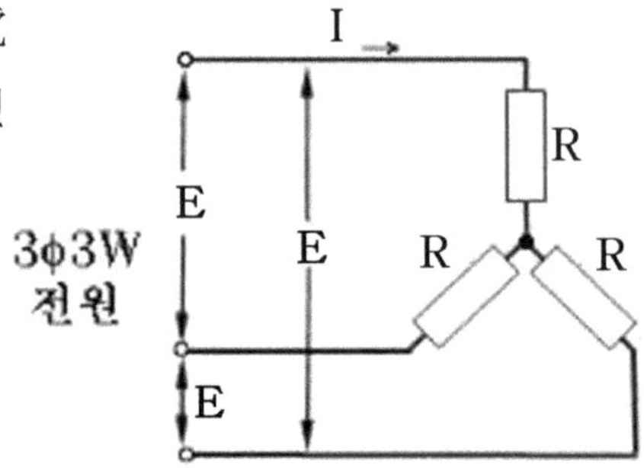

① $\dfrac{E}{2R}$ ② $\dfrac{\sqrt{3}\,E}{R}$

③ $\dfrac{E}{R}$ ④ $\dfrac{2E}{R}$

(5) 그림과 같은 회로(回路)의 전류(電流) I를 나타내는 식(式)은 어느 것인가?

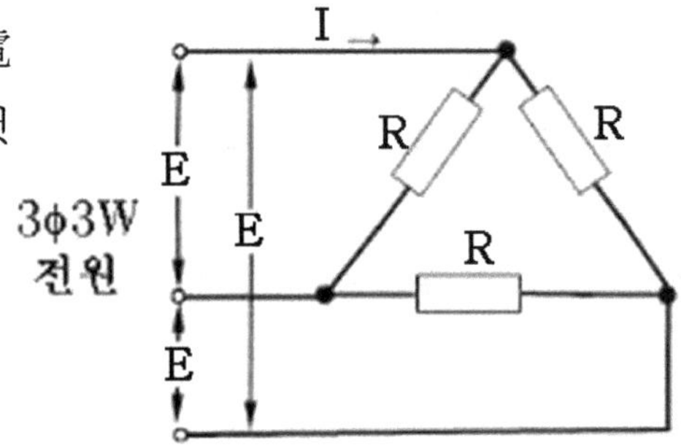

① $\dfrac{E}{\sqrt{3}\,R}$ ② $\dfrac{E}{R}$

③ $\dfrac{\sqrt{3}\,E}{R}$ ④ $\dfrac{2E}{R}$

(6) 그림과 같은 3상 교류회로(三相 交流回路)에서 전선(電線) 1선 당의 저항(抵抗)이 $r[\Omega]$, 선전류(線電流)가 I[A]일 때, 이 선로(線路)의 전력손실(電力損失) [W]을 나타내는 식(式)은 어느 것인가?

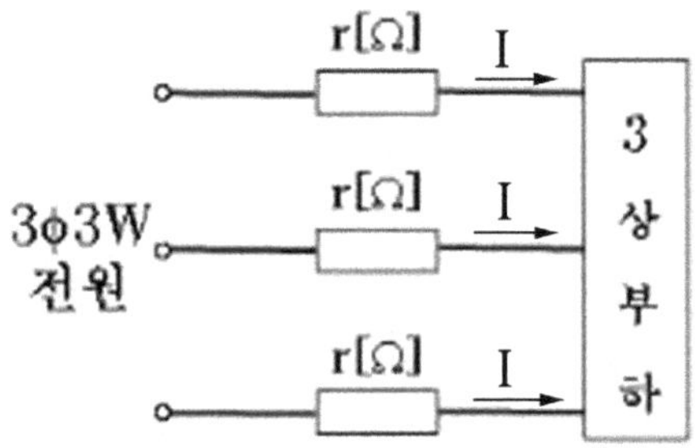

① $3I^2\gamma$ ② $3I\gamma^2$ ③ $\sqrt{3}\,I^2\gamma$ ④ $\sqrt{3}\,I\gamma$

4.3 배수(倍數) 계산(計算)에 도전(挑戰)

• **질문 : 다음과 같은 문제(問題)가 매우 어렵다. 푸는 방법(方法)을 알기 쉽게 설명(說明)하라.**

『문제』 직경(直徑) 1.6[mm]인 전선(電線)의 저항(抵抗)은 같은 소재(素材)이고 같은 길이, 직경(直徑) 3.2[mm]인 전선(電線)의 저항(抵抗)의 몇 배인가?

① $\frac{1}{4}$ ② $\frac{1}{2}$ ③ 2 ④ 4

• **대답 :** 전선(電線)의 저항(抵抗)은

$$R = \rho\frac{l}{S} = \frac{\rho l}{\frac{\pi D^2}{4}} [\Omega]$$

의 공식(公式)에서 구하는 것을 학습(學習)하는데 여기서,

$$\begin{cases} R_1 : \text{직경}\, 1.6[mm]\text{인 전선의 저항} \\ R_2 : \text{직경}\, 3.2[mm]\text{인 전선의 저항} \end{cases}$$

이라고 하고, R_1과 R_2는 길이 ℓ [m]와 저항률(抵抗率) ρ[Ω·㎟/m]은 같은 값이므로, 같은 기호(記號)를 이용(利用)하여 나타내면

$$\begin{cases} R_1 = \frac{\rho l}{\frac{\pi 1.6^2}{4}} = \rho l \div \frac{\pi 1.6^2}{4} = \rho l \times \frac{4}{\pi 1.6^2} = \frac{4\rho l}{1.6^2 \pi} \\ R_2 = \frac{\rho l}{\frac{\pi 3.2^2}{4}} = \rho l \div \frac{\pi 3.2^2}{4} = \rho l \times \frac{4}{\pi 3.2^2} = \frac{4\rho l}{3.2^2 \pi} \end{cases}$$

이와 같이 하고 나서

R_1을 R_2로 나누어

$$\frac{R_1}{R_2}=\frac{4\rho l}{1.6^2\pi}\div\frac{4\rho l}{3.2^2\pi}=\frac{4\rho l}{1.6^2\pi}\times\frac{3.2^2\pi}{4\rho l}$$

같은 숫자(數字)와 문자(文字)는 약분(約分)할 수 있으므로,

$$\frac{R_1}{R_2}=\frac{1.6^2}{3.2^2}=\frac{1.6\times1.6}{3.2\times3.2}=2\times2=4$$

따라서, ④가 정답(正答)이 되며

이상과 같이 이 문제(問題)와 같은 배율(倍率)을 구하는 계산(計算)은 공통(共通)의 량은 같은 문자(文字)를 이용(利用)하여 나타내는 것이 포인트다.

그럼 다른 또 한 문제(問題)인 배수(倍數)를 구하는 대표적(代表的) 예제(例題)를 들어 보자.

➽ 예 제 그림과 같은 3상3선식 회로(三相三線式 回路)에서 b線이 그림의 ×표 지점(地點)에서 단선(斷線)되면, a線의 전류(電流)는 단선(斷線) 전의 몇 배가 되는가?

① $\frac{\sqrt{3}}{2}$ ② $\frac{2}{\sqrt{3}}$ ③ $\sqrt{3}$ ④ 3

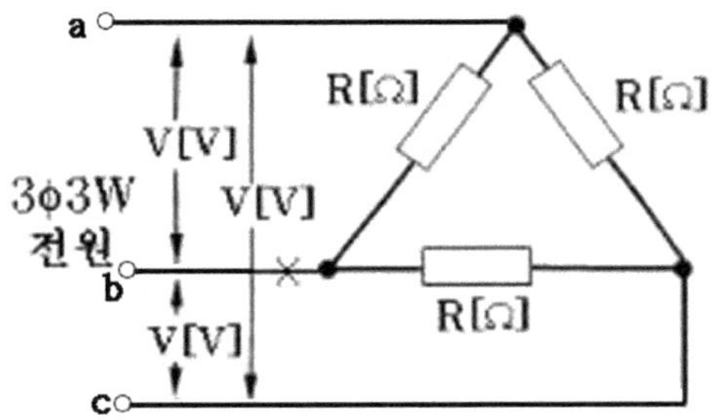

먼저, 단선(斷線) 전은 그림 4.11과 같이 되며, 저항(抵抗) R[Ω]에 흐르는 전류(電流)는

$$I = \frac{V}{R} \tag{4.5}$$

이므로, a선에 흐르는 전류(電流) I_1은

$$I_1 = \sqrt{3}\,i = \sqrt{3} \times \frac{V}{R} = \frac{\sqrt{3}\,V}{R}$$

가 된다.

다음으로 단선(斷線) 후에는 그림 4.12의 회로(回路)와 같이 되므로, 합성저항(合成抵抗) R_0는

$$R_0 = \frac{2R \times R}{2R + R} \tag{4.6}$$

$$= \frac{2R^2}{3R} = \frac{2R}{3}$$

이 되며, 흐르는 전류(電流) I_2는

$$I_2 = V \div R_0 = V \div \frac{2R}{3} = V \times \frac{3}{2R} = \frac{3V}{2R}[A]$$

가 된다.

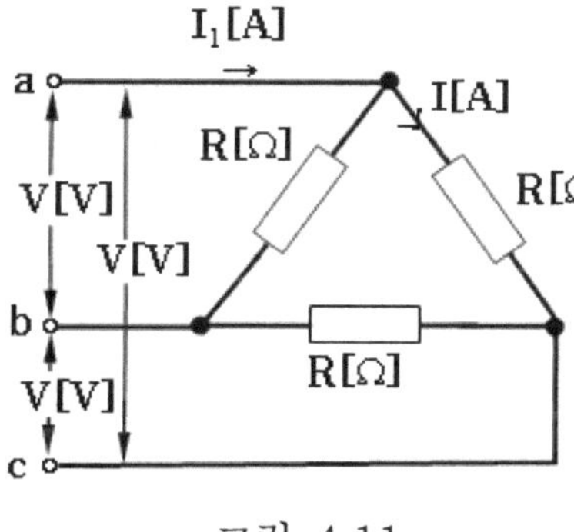

그림 4.11

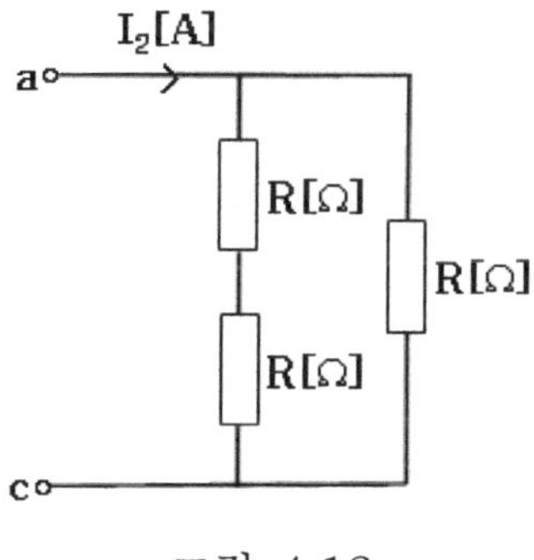

그림 4.12

식 (4.5), (4.6)을 이용(利用)하여 I_2/I_1을 계산(計算)하면

$$\frac{I_2}{I_1}=\frac{3V}{2R}\div\frac{\sqrt{3}\,V}{R}=\frac{3V}{2R}\times\frac{R}{\sqrt{3}\,V} \tag{4.7}$$

$$=\frac{3}{2\sqrt{3}}$$

식 (4.7)의 분모(分母)·분자(分子)에 $\sqrt{3}$을 곱하면

$$\frac{I_2}{I_1}=\frac{3\times\sqrt{3}}{2\sqrt{3}\times\sqrt{3}}=\frac{3\times\sqrt{3}}{2\times3}=\frac{\sqrt{3}}{2}$$

이 되며, (1)이 정답(正答)이 된다.

4-3 연습문제

(1) 직경(直徑) 1.6[mm], 길이 100[m]인 연동선(軟銅線) A와 공칭단면적(公稱斷面積) 8[㎟], 길이 200[m]인 연동선(軟銅線) B가 있다. B의 전기저항(電氣抵抗)은 A의 전기저항(電氣抵抗)의 대략(大略) 몇 배인가? 단, 온도, 저항률(抵抗率)은 동일(同一)하다고 한다.

① $\frac{1}{4}$ ② $\frac{1}{2}$ ③ 2 ④ 4

(2) 어느 굵기의 동선(銅線)을 늘려서 직경(直徑)을 $\frac{1}{2}$로 하였다. 저항(抵抗)은 몇 배가 되는가? 단, 동량(銅量)은 변하지 않는다.

① 2 ② 4 ③ 8 ④ 16

(3) 그림과 같은 3상3선식 회로(三相三線式 回路)에서 퓨즈 1線이 단선(斷線)되면 소비전력(消費電力)은 퓨즈 단선(斷線) 전의 몇 배가 되는가?

① $\frac{1}{\sqrt{3}}$ ② $\frac{1}{2}$

③ $\frac{2}{3}$ ④ $\frac{2}{\sqrt{3}}$

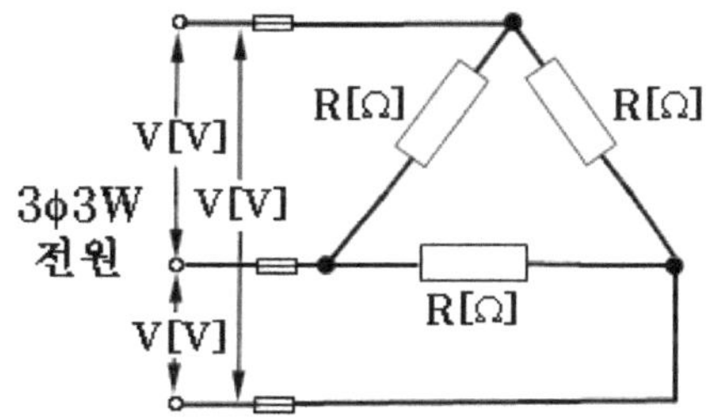

(4) A 그림과 같은 단상 2선식(單相二線式) 100[V]에서 2[kW]의 전열기(電熱器)를 B 그림과 같이 전선(電線)의 굵기가 같은 단상3선식(單相三線式)으로 개조(改造)하여 1[kW]의 전열기(電熱器) 2대로 하였다. B 그림의 선로(線路)의 전력손실(電力損失)은 A 그림의 선로(線路)의 몇 배가 되는가?

① 1 ② $\frac{2}{3}$ ③ $\frac{1}{2}$ ④ $\frac{1}{4}$

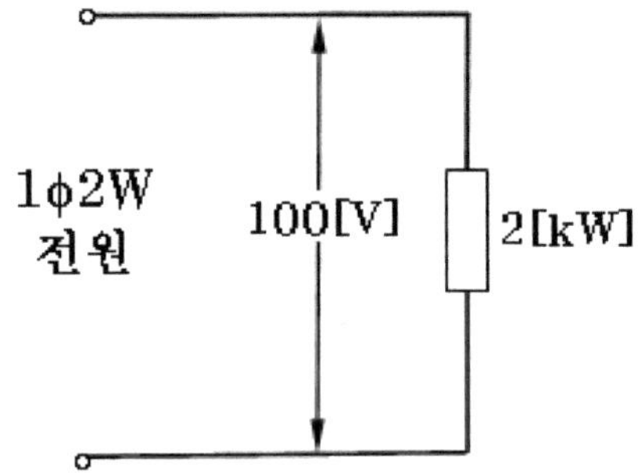

(A)

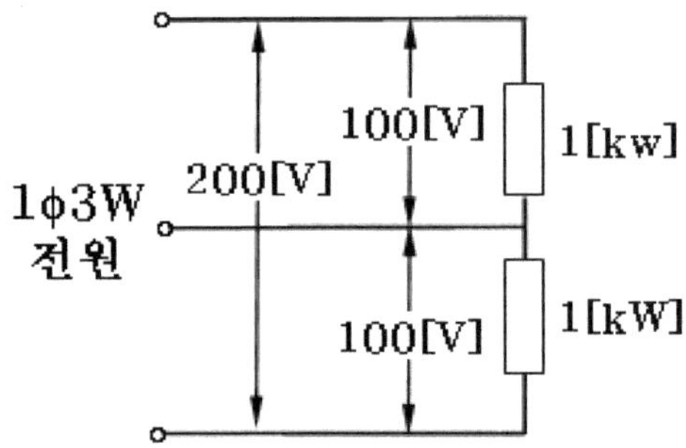

(B)

5장 쉬운 지수의 계산

지수와 단위의 환산

5.1 지수(指數)란 무엇인가?

- **질문 : 전압(電壓)을 $V[V]$, 전류(電流)를 I[A], 역률(力率)을 $\cos\theta$라고 하면, 소비전력(消費電力) P는 다음 식(式)으로 나타내어진다.**

$$P = VI\cos\theta \times 10^{-3}[kW]$$

소비전력(消費電力)에 대하여 상기와 같은 설명(說明)은 있었는데, 이 식(式)에서 10^{-3}이란 어떤 수인지 설명(說明)하라.

- **대답** : 수를 3^2이나 10^3과 같이 a^n의 형태(形態)로 나타내는 수가 있는데, n을 지수(指數)라고 하며, a^n : 어떤 수 a를 n개 곱한 수를 나타낸다. 따라서,

$$3^2 = 3 \times 3 = 9,\ 10^3 = 10 \times 10 \times 10 = 1{,}000$$

이 된다. 또한,

$$a^{-n} = \frac{1}{a^n}\begin{cases}(a\text{의 마이너스 } n\text{승}) = (a\text{의 } n\text{승분의 } 1) \\ \text{이라고 읽는다.}\end{cases}$$

이다. 따라서, 10^{-3}이란

$$10^{-3} = \frac{1}{10^3} = \frac{1}{1000}$$

이다.

그런데, 전압(電壓) $V[V]$, 전류(電流) $I[A]$, 역률(力率) $\cos\theta$를 곱하면, 단위(單位)가 [W]인 소비전력(消費電力)을 나타내는 식(式)이 된다.

$$P = VI\cos\theta[W]$$

이것을 [kW]의 단위(單位)로 고치기 위해서는 1[kW] = 1,000[W]의 관계(關係)를 이용(利用)하여

$$P = VIcos\theta \div 1000[kW]$$

라고 하면 좋은데, 이 식(式)을 지수를 이용(利用)하여 나타내면

$$P = \frac{VIcos\theta}{1000} = \frac{VIcos\theta}{10^3} = VIcos\theta \times 10^{-3}[kW]$$

가 된다.

<1> 어떤 수 a를 n개 곱한 수를 a^n이라 쓰며, 「a의 n승(承)」이라고 읽으며, n을 지수(指數)라고 한다. **중요**

『예』 $3^2 = 3 \times 3$, $10^3 = 10 \times 10 \times 10$

<2> $\frac{1}{a^n}$을 a^{-n}으로 나타낸다.

『예』 $3^{-2} = \frac{1}{3^2} = \frac{1}{9}$, $10^{-3} = \frac{1}{10^3} = \frac{1}{1000}$

5-1 연습문제

다음 □ 안에 들어갈 지수(指數)를 구하여라.

① $10 \times 10 = 10^{\square}$

② $1000 = 10^{\square}$

③ $0.01 = 10^{\square}$

④ $\dfrac{1}{10^6} = 10^{\square}$

⑤ $0.001 = 10^{\square}$

⑥ $\dfrac{1}{0.001} = 10^{\square}$

5.2 지수(指數)의 계산(計算) 공식(公式)

- **질문 : 지수(指數)를 이용(利用)한 계산(計算)의 기본(基本) 공식(公式)에 대하여 설명(說明)하라.**
- **대답 :** 다음 2가지 기본(基本) 공식(公式)을 공부하자.

① $a^m \times a^n = a^{m+n}$

② $a^m \div a^n = a^{m-n}$

먼저, ①의 기본(基本) 공식(公式)은

$$a^m \times a^n = (\underbrace{a \times a \cdots \times a}_{\text{m개}}) \times (\underbrace{a \times a \cdots \times a}_{\text{n개}})$$

$$= \underbrace{a \times a \cdots\cdots \times a}_{\text{(m+n)개}}$$

$$= a^{m+n}$$

으로 생각하면 알기 쉬울 것이며 또한, n과 m은 +의 수이어도 -의 수이어도 관계(關係)없다.

$$\text{『예』}\begin{cases} 10^3 \times 10^2 = 10^{3+2} = 10^5 \\ 10^3 \times 10^{-2} = 10^{3-2} = 10^1 = 10 \\ 10^{-3} \times 10^3 = 10^{-3+3} = 10^0 = 1 \end{cases}$$

※ 어떤 수라도 0승(乘)은 1이 된다.

다음으로 ②의 기본(基本) 공식(公式)은

$$a^m \div a^n = a^m \times \frac{1}{a^n} = a^m \times a^{-n}$$

으로서 ①의 기본(基本) 공식(公式)을 이용(利用)하면

$$a^m \div a^n = a^{m+(-n)} = a^{m-n}$$

이 됨을 이해(理解)할 수 있을 것이다.

『예』 $\begin{cases} 10^3 \div 10^2 = 10^{3-2} = 10^1 = 10 \\ 10^3 \div 10^{-2} = 10^{3-(-2)} = 10^5 = 10^5 \\ 10^{-3} \div 10^3 = 10^{-3-3} = 10^{-6} \end{cases}$

<지수(指數)에 관한 기본(基本) 공식(公式)>

중요

(1) $a^m \times a^n = a^{m+n}$

(2) $a^m \div a^n = a^{m-n}$

(3) $a^0 = 1$

5-2 연습문제

(1) 그림의 회로(回路)에 인가(引加)된 전압(電壓) E는 몇 [V]인가?

① 0.1 ② 1 ③ 10 ④ 100

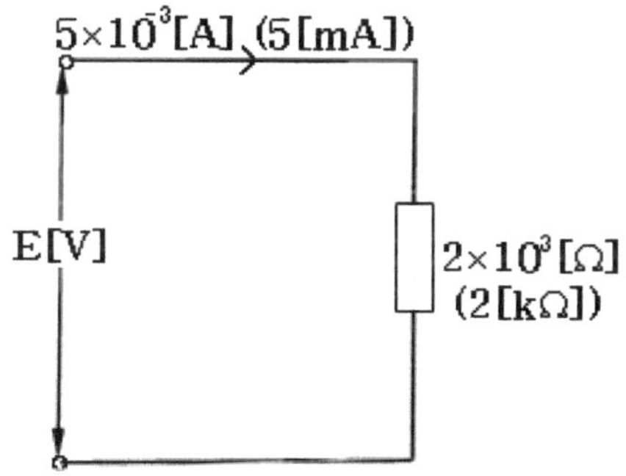

(2) 그림의 회로(回路)의 저항(抵抗) R은 몇 [Ω]인가?

① 5×10^{2} ② 5×10^{3} ③ 5×10^{4} ④ 5×10^{5}

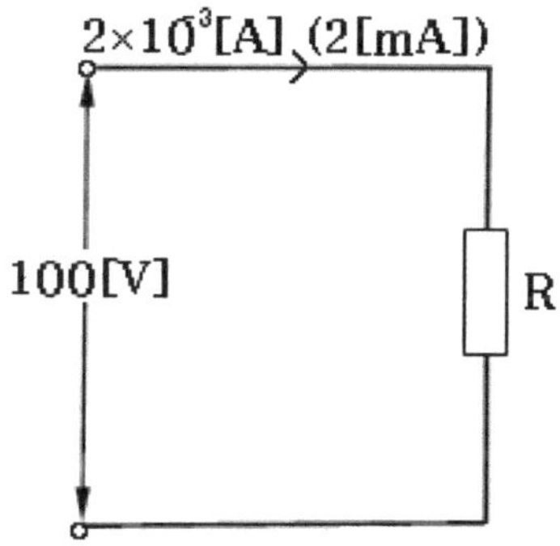

5.3 단위(單位)를 환산(換算)해 보자

- **질문 : 지수(指數)를 이용(利用)한 단위(單位) 환산(換算) 요령(要領)에 대해 알려달라.**
- **대답 :** 단위(單位)의 환산(換算)에 대해서는 먼저 아래 표의 k (킬로)나 M (메가) 등의 기호(記號)와 그것이 어떤 수를 나타내는지를 기억(記憶)해 둘 필요(必要)가 있다.

기 호	호 칭	수
M	메가	10^6
k	킬로	10^3
c	센티	10^{-2}
m	밀리	10^{-3}
μ	마이크로	10^{-6}
p	피코	10^{-12}

그럼, 단위(單位) 환산(換算)의 기본적(基本的)인 연습(演習)을 해 보자.

§ 문제 1 다음 □ 안에 들어갈 수는 얼마인가?

(1) $2[M\Omega] = 2 \times 10^{\square}[\Omega]$

(2) $1[km] = 1 \times 10^{\square}[m]$

(3) $5[cm] = 5 \times 10^{\square}[m]$

(4) $2[mA] = 2 \times 10^{\square}[A]$

(5) $1[\mu F] = 1 \times 10^{\square}[\mu F]$

(6) $5[pF] = 5 \times 10^{\square}[F]$

↳ **답** 2[MΩ]의 M(메가)는 10^6의 수를 나타내므로, 2[MΩ] = 2 × 10^6 [Ω]이 된다. 이 요령(要領)으로 다음의 답이 된다.

(1) 6 (2) 3 (3) -2 (4) -3 (5) -6 (6) -12

§ 문제 2 다음 □ 안에 들어갈 수는 얼마인가?

(1) $3000[kW]=3\times 10^{\square}[MW]=3[MW]$

(2) $500[V]=5\times 10^{\square}[kV]=0.5[kV]$

(3) $0.2[cm]=0.2\times 10^{\square}[mm]=2[mm]$

↳ **답** 1000[kW]가 1[MW]가 되므로,

$$\begin{aligned} 3000[kW] &= 3000 \div 1000[MW] \\ &= 3000\times 10^{-3}[MW] \\ &= 3[MW] \end{aligned}$$

가 되며, (1)은 -3이 된다. 이 요령(要領)으로 다음의 답이 되면 정답(正答)이다.

(1) -3 (2) -3 (3) 1

중요

M(메가) = 10^6

m(밀리) = 10^{-3}

k(킬로) = 10^3

μ(마이크로) = 10^{-6}

c(센티) = 10^{-2}

p(피코) = 10^{-12}

5-3 연습문제

(1) 다음 □ 안에 들어갈 수는 얼마인가?

① $5[MW] = 5 \times 10^{\square}[kW] = 5 \times 10^{\square}[W]$

② $0.3[kA] = 0.3 \times 10^{\square}[A] = 300[A]$

③ $1000[\mu F] = 1000 \times 10^{\square}[F] = 0.001[F]$

④ $0.1[m] = 0.1 \times 10^{\square}[cm] = 10[cm]$

⑤ $6600[V] = 6.6 \times 10^{\square}[V] = 6.6[kV]$

⑥ $2000[A] = 2 \times 10^{\square}[A] = 2[kA]$

5.4 응용(應用) 문제(問題)에 도전(挑戰)

- **질문 : 10^n의 계산(計算)에 익숙해졌으므로, 실제(實際)로 출제(出題)되는 수준(水準)의 문제(問題)로 어떻게 이용(利用)하면 좋은가를 제시(提示)하라.**
- **대답 :** 그럼 예제(例題)에 의하여 지수(指數)의 이용(利用) 방법(方法)을 학습(學習)하자.

▶▶ 예제 1 어떤 옥내배선(屋內配線)에 500[V]의 전압(電壓)을 인가(引加)하니, 0.1[mA]의 누설전류(漏泄電流)가 흘렀다. 이 배선(配線)의 절연저항(絶緣抵抗)값 [MΩ]은 얼마인가?
① 0.5 ② 5 ③ 50 ④ 500

이미 학습(學習)하였듯이 이 문제(問題)의 절연저항(絶緣抵抗)값 R은

$$R[\Omega] = \frac{V[V]}{I[A]}$$

으로 구해진다. 여기서, V=500[V]로 문제(問題)에 주어져 있으므로, I를 [A]의 단위(單位)로 나타내기로 하자.

$$1[mA] = \frac{1}{1000}[A] = 10^{-3}[A]$$

이므로

$$0.1[mA] = 0.1 \times 10^{-3}[A]$$

따라서, 절연저항(絶緣抵抗)값 R은

$$R = \frac{500}{0.1 \times 10^{-3}}[\Omega]$$

이 되는데,

$$\frac{1}{10^{-3}} = 10^3$$

이 되므로

$$R = \frac{500}{0.1} \times 10^3 = 5000 \times 10^3 [\Omega]$$

여기서, 5000은 5×10^3으로 나타낼 수 있으므로,

$$R = 5 \times 10^3 \times 10^3 = 5 \times 10^6 [\Omega] = 5 [M\Omega]$$

으로 답이 얻어진다. 따라서, ②가 정답(正答)이 된다.

➽ 예제 2 3상유도전동기(三相誘導電動機)의 전압(電壓) 200[V], 전류(電流)8[A], 역률(力率) 80%라고하면, 이 전동기(電動機)를 10시간(時間) 사용하였을 때의 전력량(電力量, kWh)은 대략 얼마인가?

① 12.8 ② 16.3 ③ 22.2 ④ 27.8

3상회로(三相回路)의 소비전력(消費電力) P는

$$P = \sqrt{3}\, VIcos\theta [W]$$

여기서, V는 선간 전압(線間電壓) [V], I는 전류(電流)[A], cosΘ는 역률(力率)이며, 이 식에서 구할 수 있고. 또한, 전력량 W [kWh]는

$$W = P[kW] \times t[\text{시간}]$$

이 된다. t는 10시간(時間)으로 문제(問題)에 주어져 있으므로, 나머지는 [kW]의 단위(單位)로 P를 구하면 답이 얻어진다.

그럼 P를 계산(計算)해 보자. 역률(力率) 80[%]를 소수(小數)로 나타내면 0.8이 되므로

$$P=\sqrt{3}\times 200\times 8\times 0.8$$
$$=1.73\times 200\times 8\times 0.8$$
$$=2214[W]$$

1000[W]가 1[kW]이 되므로

$$P=2214[W]=\frac{2214}{1000}=2.214[kW]$$

익숙해지면

$$P=2214\times 10^{-3}=2.214[kW]$$

라고 쓰도록 하자. 따라서,

$$W=2.214[kW]\times 10[h]=22.14[kWh]$$

가 되며, ③이 정답(正答)이 된다. 한편, [h]는 시간(時間)을 나타내는 단위(單位)이다.

(1) 절연저항(絶緣抵抗) ☞ **중요**

$$R=\frac{V[V]}{I[A]}\times 10^{-6}[M\Omega]$$

(2) 3상전력(三相電力)

$$P=\sqrt{3}\,V[V]\times I[A]\times \text{역률}\times 10^{-3}[kW]$$

5-4 연습문제

(1) 소비전력(消費電力)이 500[W]인 전열기(電熱器)를 1시간(時間) 30분(分) 사용(使用)하였을 때의 발열량(發熱量) [kJ]은 얼마인가

① 450 ② 750 ③ 1800 ④ 2700

(2) 전선(電線)의 접속불량(接續不良)에 의하여 접속점(接續點)의 접촉저항(接觸抵抗)이 0.5[Ω]이 되었다. 이 전선(電線)에 10[A]의 전류(電流)가 흐르면 접속점(接續點)에서 1시간(時間)에 발생하는 열량(熱量) [kJ]은 얼마인가?

① 180 ② 360 ③ 720 ④ 1440

(3) 단상(單相) 100[V]의 옥내배선회로(屋內配線回路)에서 소비전력(消費電力) 100[W]의 백열전구(白熱電球) 4개와 부하전류(負荷電流) 5[A], 역률(力率) 80[%]의 단상전동기(單相電動機) 1대를 10일 연속(連續)해서 사용(使用)하였을 때의 소비전력량(消費電力量) [kWh]의 합계(合計)는 얼마인가?

① 8 ② 192 ③ 216 ④ 246

(4) 3상 유도전동기(三相誘導電動機)를 전압(電壓) 200[V], 전류(電流) 15[A]. 역률(力率) 80[%]로 매일(每日) 4시간(時間) 사용(使用)하였을 경우, 1개월(個月) (30일(日)) 간(間의) 소비전력량(消費電力量) [kWh]은 대략(大略) 얼마인가?

① 300 ② 500 ③ 700 ④ 900

(5) 단상회로(單相回路)에서 전압(電壓) 200[V]를 인가(引加)하면 2[kW]를 소비(消費)하는 저항부하(抵抗負荷)가 있다. 이 저항부하(抵抗負荷)를 100[V] 전원(電源)에 접속(接續)하고 8시간(時間) 사용(使用)하였을 때의 소비전력량(消費電力量) [kWh]은 얼마인가?

① 0.4 ② 4 ③ 40 ④ 400

(6) 저압선로(低壓線路)와 대지(大地)와의 절연저항(絶緣抵抗)이 0.1[MΩ]인 경우, 이것에 200[V]의 전압(電壓)을 인가(引加)한 경우의 누설전류(漏泄電流) [mA]는 얼마인가?

① 0.2 ② 2 ③ 20 ④ 200

6장 쉬운 방정식(方程式)

방정식과 미지의 저항 계산

6.1 방정식(方程式)이란 무엇인가?

6.2 이항(移項)이란 무엇인가?

6.3 미지(未知) 저항(抵抗)을 구해보자

6.4 여러 가지 방정식(方程式) 문제(問題)에 도전(挑戰)

6.5 쉬운 이차방정식(二次方程式)

6.1 방정식(方程式)이란 무엇인가?

- **질문 : 방정식(方程式)이란 어떤 식(式)인가? 또한, 방정식(方程式)을 풀려면 어떻게 하면 될까? 간단(簡單)한 예를 들어 설명(說明)하라.**
- **대답 :** 다음 예제 1을 기본(基本)으로 먼저 방정식(方程式)이란 어떤 식(式)인가를 설명(說明)하겠다.

➤➤ **예제 1** I=50[A]의 전류(電流)가 흐르고 있는 저항(抵抗)의 양단 전압(兩端電壓)이 2[V]일 때, 그 저항(抵抗)은 몇 [Ω]인가?
① 0.04 ② 10 ③ 25 ④ 100

구하는 저항(抵抗)을 R[Ω]이라 하면, $V=IR$의 공식(公式)으로부터

$$2=50R \tag{6.1}$$

의 식(式)을 세울 수 있다.

이와 같이 값을 알 수 없는 문자(文字)를 포함(包含)하는 식(式)을 방정식(方程式)이라고 하며, 이 식(式)이 성립(成立)하는 문자(文字)의 값을 구하는 것을 방정식(方程式)을 푼다고 한다.

방정식(方程式)을 푸는 데에는 다음 성질(性質)을 이용(利用)한다.
그런데, 다시 한 번 식 (6.1)로 돌아가서 R의 값을 구해 보자.

① 등식(等式)의 양변(兩邊)에 같은 수를 더하여도 등식(等式)은 성립(成立)한다.

$$A = B \text{이면 } A + C = B + C$$

② 등식(等式)의 양변(兩邊)에서 같은 수를 빼도 등식(等式)은 성립(成立)한다.

$$A = B \text{이면 } A - C = B - C$$

③ 등식(等式)의 양변(兩邊)에 같은 수를 곱하여도 등식(等式)은 성립(成立)한다.

$$A = B \text{이면 } AC = BC$$

④ 등식(等式)의 양변(兩邊)에 같은 수를 나누어도 등식(等式)은 성립(成立)한다.

$$A = B \text{이면 } \frac{A}{C} = \frac{B}{C}$$

식 (6.1)의 좌변(左邊)과 우변(右邊)을 바꾸면

$$50R = 2 \tag{6.2}$$

식 (6.2)을 R = □의 형태(形態)로 하기 위해서는 ④의 성질(性質)을 이용(利用)하여 양변(兩邊)을 50으로 나누면

$$R=\frac{2}{50}$$

$$R=\frac{2}{50}=0.04[\Omega]$$

이 되며, 식 (6.1)의 방정식(方程式)을 풀 수 있다.

따라서, 예제(例題)의 정답(正答)은 ①이 된다.

그럼, 조금 더 어려운 방정식(方程式)을 풀어 보자.

➽ **예제 2** 그림의 회로(回路)에서 흐르는 전류(電流)가 10[A]일 때, 저항(抵抗) R은 몇 [Ω]인가?

① 3 ② 5 ③ 7 ④ 10

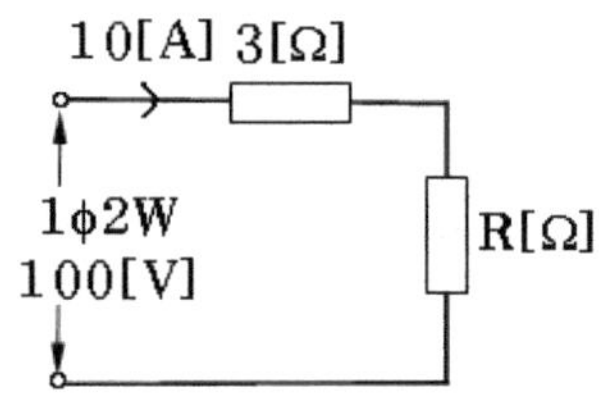

예제 2의 합성저항(合成抵抗)은 3 + R[Ω]이 되므로, 방정식(方程式)을 세우면

$$100=10(3+R) \tag{6.3}$$

식 (6.3)은 다음 순서(順序)로 풀 수 있다. 먼저, ④의 성질(性質)을 이용(利用)하여 양변(兩邊)을 10으로 나누면

$$\frac{100}{10}=\frac{10(3+R)}{10}$$

$$10=3+R$$

다음으로 ②의 성질(性質)을 이용(利用)하여 양변(兩邊)에서 3을 빼면

$$10-3=3+R-3$$

$$7=R$$

좌변(左邊)과 우변(右邊)을 바꾸면

$$R=7$$

따라서, ③이 정답(正答)이 된다.

(1) 값이 변하지 않는 문자(文字)를 포함(包含)하는 식(式)을 방정식(方程式)이라 한다. **중요**

(2) 방정식(方程式)을 푸는 데에는 다음 성질(性質)을 이용(利用)한다.

A = B일 때

① A + C = B + C

② A - C = B - C

③ AC = BC

④ $\frac{A}{C}=\frac{B}{C}$

6-1 연습문제

✐ 등식(等式)의 성질(性質)을 이용(利用)하여, 다음 방정식(方程式)을 풀어라.

① $x - 3 = 4$

② $x + 4 = 6$

③ $\frac{x}{3} = 2$

④ $10x = 20$

⑤ $2x - 3 = 9$

⑥ $3x - 4 = 5$

6.2 이항(移項)이란 무엇인가?

• **질문 : 방정식(方程式)을 푸는 데에는 이항(移項)을 이용(利用)한다고 하는데, 이항(移項)이란 어떤 계산(計算)을 하는 것인가?**

• **대답 :** 지금 $x + 3 = 5$라는 방정식(方程式)을 푸는 것을 생각해 보자. 이 방정식(方程式)은 양변(兩邊)에서 3을 빼어

$$x + 3 - 3 = 5 - 3$$

$$x = 2$$

로 구해지는데, 이 성질(性質)은 좌변(左邊)의 +3을 우변(右邊)으로 옮겨 등호(等號)를 −로 바꾸어

$$x \boxed{+\ 3} = 5 - 3$$

$$x = 2$$

라는 계산(計算)을 한 것과 같게 된다.

이와 같이 한쪽 변(邊)에 있는 항(項)을 부호(符號)를 바꾸어 다른 변(邊)으로 옮기는 것을 **이항(移項)**이라고 한다.

그럼 이항(移項)을 연습(演習)해 보자.

➽ **예제** 1　$2x - 3 = 1$

우선, −3을 우변(右邊)으로 이항(移項)해서

$$2x = 1 + 3$$

$$2x = 4$$

2로 나누면

$$x = 2$$

가 된다.

➤➤ 예제 2 $-15 = -3x + 6$

우선, -3x를 좌변(左邊)으로 이항(移項)해서

$$3x - 15 = 6$$

다음으로 15를 우변(右邊)으로 이항(移項)해서

$$3x = 6 + 15$$

$$3x = 21$$

양변(兩邊)을 3으로 나누면

$$x = 7$$

이 된다. 이와 같이 이항(移項)을 이용(利用)하면 방정식(方程式)을 빠르게 풀 수 있다.

6-2 연습문제

이항(移項)을 이용(利用)하여, 방정식(方程式)을 풀어라.

① $2x - 3 = 1$

② $2 - 5x = -8$

③ $\frac{x}{3} - 1 = \frac{2}{3}$

④ $4x - 6 = 2x - 2$

⑤ $8 = 2(x + 2) - 2$

6.3 미지(未知) 저항(抵抗)을 구해보자

- **질문 : 방정식(方程式)을 풀 수 있게 되었으므로, 실제(實際)로 출제(出題)되는 수준(水準)의 문제(問題)를 푸는 방법(方法)을 설명(說明)하라.**
- **대답 :** 먼저, 문제 1에 도전(挑戰)해 보자.

예제 1 어떤 전열기(電熱器)에 100[V]의 전압(電壓)을 인가(引加)할 때 2[kW]의 전력(電力)을 소비(消費)하였다. 이 전열기(電熱器)의 저항(抵抗) [Ω]은 얼마인가?

① 0.02　② 5　③ 20　④ 500

단상교류(單相交流)의 소비전력(消費電力) P는 전압(電壓)을 $V[V]$, 전류(電流)를 $I[A]$, 역률(力率)을 $\cos\theta$라고 하면

$$P = VI\cos\theta[W]$$

가 되는데, 전열기(電熱器)의 역률(力率)은 1이므로,

$$P = VI[W] \tag{6.4}$$

가 된다. 여기서, $I = \frac{V}{R}[A]$이므로, 이것을 식 (6.4)에 대입(代入)하면

$$P = V \times \frac{V}{R} = \frac{V^2}{R}[W]$$

가 된다. 이것에 $P = 2 \times 10^3 = 2000[W]$, V=100[V]를 대입(代入)하면

$$2{,}000 = \frac{(100)^2}{R} = \frac{10{,}000}{R}$$

양변(兩邊)에 R을 곱하면

$$2{,}000R = 10{,}000$$

양변(兩邊)을 2,000으로 나누면

$$R = \frac{10{,}000}{2{,}000} = 5[\Omega]$$

이 되며, ②가 정답(正答)이 된다.

그럼 다음은 예제 2다.

➤➤ 예제 2 내부저항(內部抵抗) 10[kΩ], 최대지시(最大指示) 10 [V]의 직류전압계(直流電壓計)로 최대(最大) 50[V]까지 측정(測定)할 수 있도록 하기 위하여 필요(必要)한 배율기(倍率器)의 저항(抵抗) [kΩ]은 얼마인가?

① 20 ② 30 ③ 40 ④ 50

내부저항(內部抵抗) 10[kΩ], 최대지시(最大指示) 10 [V]의 직류전압계(直流電壓計)는

$$I = \frac{10[V]}{10[k\Omega]} = \frac{10}{10 \times 10^3} = 10^{-3}[A]$$

의 전류(電流)가 흐르면 최대지시(最大指示)를 나타낸다.

따라서, 그림 6.1과 같이 저항(抵抗) R을 전압계(電壓計)와 직렬(直列)로 연결(連結)하고, $10^{-3}[A]$의 전류(電流)가 흘렀을 때 R에

50 - 10 = 40[V]

가 인가(引加)되도록 하면 50[V]까지 측정(測定)할 수 있도록 된다.

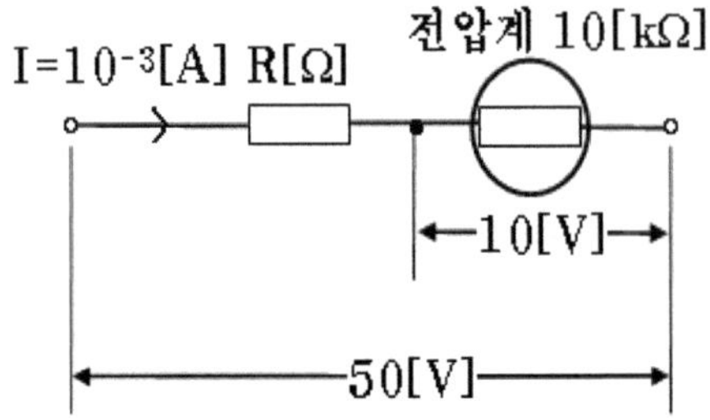

그림 6.1

따라서,

$$40 = R \times 10^{-3}$$

양변(兩邊)에 $10^3 = 1{,}000$을 곱하면

$$40 \times 10^3 = R \times 10^{-3} \times 10^3 = R \times 10^0 = R$$

이로부터

$$R = 40 \times 10^3 [\Omega] = 40 [k\Omega]$$

이 되며, ③이 정답(正答)이다. 한편, 전압계(電壓計)의 측정범위(測定範圍)를 넓히기 위하여 전압계(電壓計)와 직렬(直列)로 연결(連結)한 저항(抵抗)을 **배율기**(倍率器)라고 한다.

예제 3은 전류계(電流計)의 측정범위(測定範圍)를 넓히는 것에 관한 문제(問題)이다.

➵ **예제 3** 그림과 같이 내부저항(內部抵抗) 0.1[Ω], 최대지시(最大指示) 1 [A]의 전류계(電流計) Ⓐ에 분류기(分流器) R을 접속(接續)하고, 측정범위(測定範圍)를 15[A]로 확대하고자

한다. R의 저항(抵抗)값 [Ω]는 얼마인가?

① $\frac{1}{150}$ ② $\frac{1}{140}$

③ 1.4 ④ 1.5

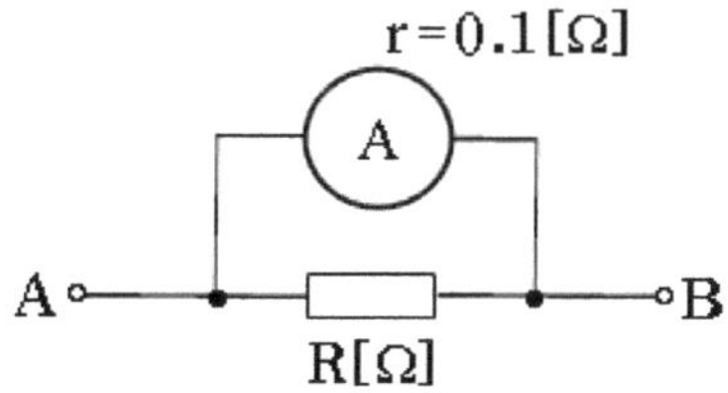

아래 그림 6.2와 같이 A 단자(端子)에서 15[A]의 전류(電流)가 흘러 들어왔을 때, 1[A]가 전류계(電流計)로 흐르도록 하면 되므로, 전류계(電流計)와 병렬(竝列)로 접속(接續)하는 저항(抵抗) R에는 15 - 1[A]의 전류(電流)가 흐르도록 한다.

저항(抵抗) R의 양단 전압(兩端電壓)은 전류계(電流計)의 전압(電壓)과 같으며

$$V = 1 \times 0.1 = 0.1[V]$$

가 되므로, R에 대한 방정식(方程式)은 다음 식(式)이 된다.

$$0.1 = R \times (15 - 1) = 14R$$

양변(兩邊)을 14로 나누면

$$\frac{0.1}{14} = \frac{14R}{14} = R$$

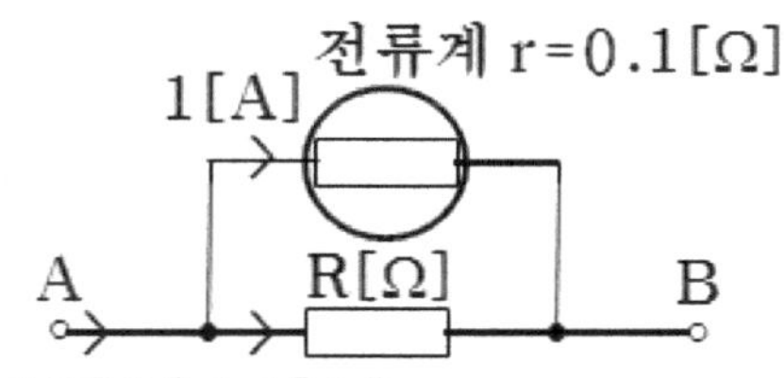

그림 6.2

따라서,

$$R=\frac{0.1}{14}[\Omega]$$

이 된다. 이미 학습(學習)하였듯이, 같은 수를 분모(分母)·분자(分子)에 곱하여도 분수(分數)의 값은 변하지 않으므로, 분모(分母)·분자(分子)에 10을 곱하면

$$R=\frac{0.1\times10}{14\times10}=\frac{1}{140}[\Omega]$$

이 되며, ②가 정답(正答)이다.

또한, 이와 같이 전류계(電流計)의 측정범위(測定範圍)를 넓히기 위하여 전류계(電流計)와 병렬(竝列)로 연결(連結)한 저항(抵抗)을 **분류기**(分流器)라고 한다.

☞ 중요

(1) 단상교류(單相交流)의 소비전력(消費電力)

$$P=V[V]\times I[A]\times\cos\theta=VI\cos\theta[W]$$

단, 전열기(電熱器)나 백열전구(白熱電球) 등 저항체(抵抗體)만으로 된 전기기구(電氣器具)의 역률(力率)은 1(%로 나타내면 100[%])이 된다.

(2) 배율기(倍率器)

전압계(電壓計)의 측정범위(測定範圍)를 확대하기 위해서는

$$I=\frac{V_0}{r}[A]$$

가 흘렀을 때에 배율기(倍率器) R[Ω]에

$$V_m - V_0[V]$$

이 인가(引加)되도록 하면 되므로, 다음 식(式)을 세울 수 있다.

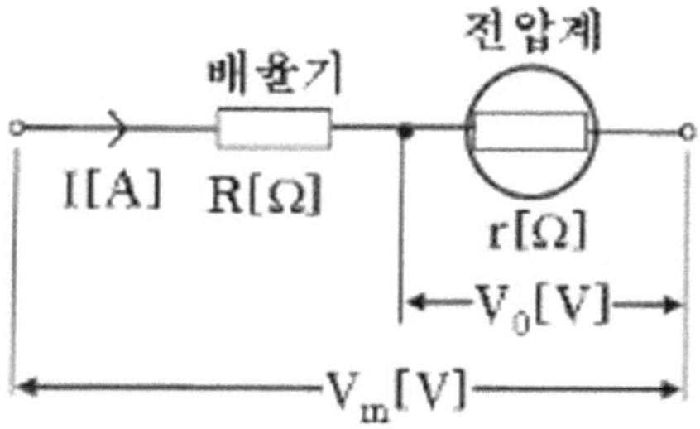

$$V_m - V_0 = R \times \frac{V_0}{r}$$

(3) 분류기

전류계(電流計)의 측정범위(測定範圍)를 확대하기 위해서는 $I_m[A]$의 전류(電流)가 흘러들어왔을 때, 분류기 R[Ω]으로 $I_m - I[A]$의 전류(電流)가 흐르도록 하면 되므로 다음 식(式)을 세울 수 있다.

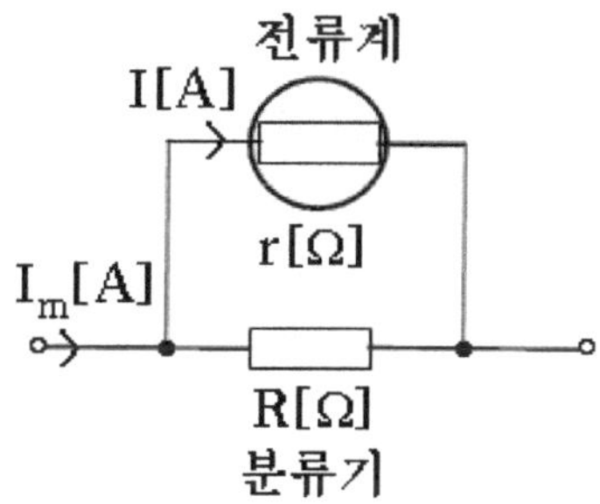

$$I \times r = (I_m - I) \times R$$

6-3 연습문제

(1) 정격전압(正格電壓) 100[V], 용량(容量) 100[W]의 백열전구(白熱電球)를 단상(單相) 100[V] 회로(回路)에서 점등(點燈)시킬 때, 이 백열전구(白熱電球)의 저항(抵抗) [Ω]은 얼마인가?

① 1　② 10　③ 100　④ 1000

(2) 그림과 같은 회로(回路)에서 저항(抵抗) R[Ω]에 흐르는 전류(電流)가 5[A]이었다. R의 값[Ω]은 얼마인가?

① 1.6　② 7.5　③ 16　④ 19.8

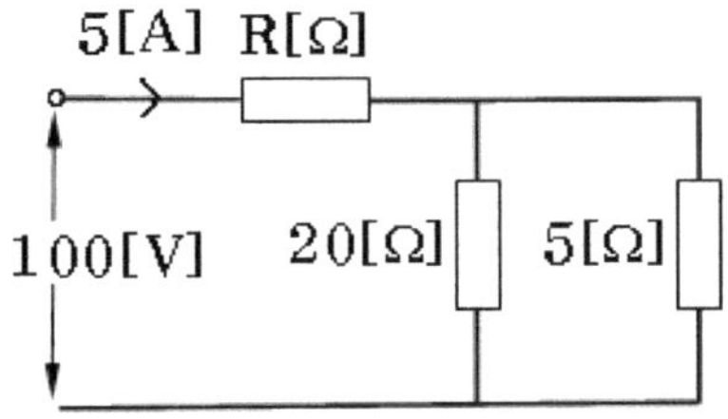

(3) 그림과 같은 회로(回路)에서 전류계(電流計) Ⓐ는 10[A]를 지시(指示)하고 있다. 저항(抵抗) R에서 소비(消費)하는 전력(電力) [W]은 얼마인가?

① 20　② 40

③ 100　④ 200

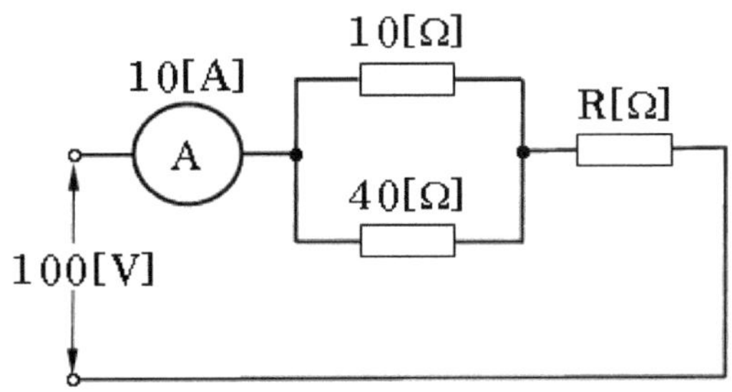

(4) 내부저항(內部抵抗) 120[kΩ], 최대(最大) 눈금 150[V]인 전압계(電壓計)를 사용(使用)하여 최대(最大) 눈금으로 900[V]의 전압(電壓)을 측정(測定)하는데 필요(必要)한 직렬저항(直列抵抗) [kΩ]은 얼마인가?

① 480 ② 600 ③ 720 ④ 840

(5) 그림과 같은 회로(回路)에서 전류계(電流計) Ⓐ₁가 28[A], 전류계(電流計) Ⓐ₂가 8[A]이다. 전류계(電流計) Ⓐ₂의 내부저항(內部抵抗) [Ω]은 얼마인가?

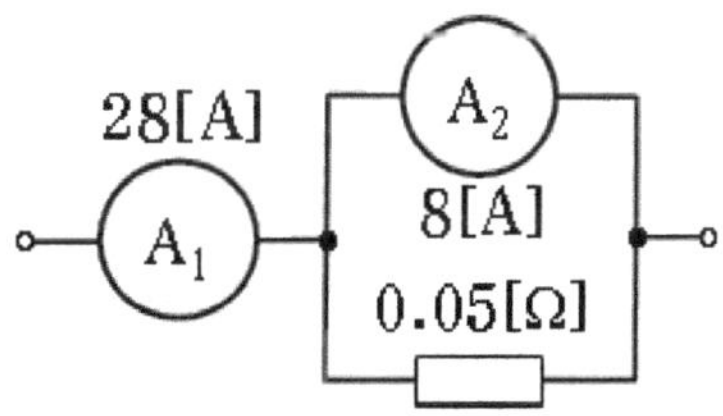

① 0.002 ② 0.082 ③ 0.125 ④ 0.250

6.4 여러 가지 방정식(方程式) 문제(問題)에 도전(挑戰)

- **질문 : 미지 저항(未知 抵抗)을 방정식(方程式)을 이용(利用)하여 푸는 패턴을 알았는데, 이 외에 방정식(方程式)을 이용(利用)하는 문제(問題)에는 어떤 것이 있는지 제시(提示)하라.**
- **대답 :** 그럼, 지금까지 출제(出題)된 문제(問題)를 예로 들어 설명(說明)하라.

➤➤ 예제 1 저항률(抵抗率) 0.02[Ω·㎟/m], 길이 40[m]인 전선(電線)의 저항(抵抗)이 0.4[Ω]이 되는 단면적(斷面積) [㎟]는 얼마인가?

① 2.0 ② 3.4 ③ 5.5 ④ 8.0

예제 1은 전선(電線)의 굵기 (단면적(斷面積))을 구하는 문제(問題)이므로, 전선(電線)의 저항(抵抗)을 구하는 공식(公式)을 생각해 낸다.

$$R=\rho\frac{l}{S}[\Omega] \tag{6.5}$$

여기서, R은 0.4[Ω], ρ는 0.02[Ω·㎟/m], ℓ은 40[m]를 식 {6.5}에 대입(代入)하면

$$0.4=\frac{0.02\times40}{S}=\frac{0.8}{S} \tag{6.6}$$

의 방정식(方程式)이 얻어진다. 식 (6.6)에서 S[㎟]을 곱하면

$$0.4S=0.8$$

이 얻어진다.

다음으로 양변(兩邊)을 0.4로 나누면

$$S = \frac{0.8}{0.4} = 2[mm^2]$$

이 얻어진다. 따라서, ①이 정답(正答)이 된다.

➾ 예제 2 어떤 전기기구(電氣器具)에 단상(單相) 100[V]를 인가(引加)하니 5[A]의 전류(電流)가 흐르고, 10시간(時間) 연속(連續) 사용(使用)하여 3[kWh]를 계량(計量)하였다. 이 기구(器具)의 역률(力率)[%]은 얼마인가?

① 50 ② 60 ③ 70 ④ 80

예제 2는 역률(力率)을 구하는 문제(問題)이다. 단상교류(單相交流)의 소비전력(消費電力) P는

$$P = V[V] \times I[A] \times 역률$$

로부터

$$P = VI\cos\theta[W] = \frac{VI\cos\theta}{1000}[kW]$$

가 된다. 전력량(電力量) W는

$$W = P[kW] \times t[시간] = Pt[kW \cdot h]$$

라고 하는것보다

$$W = \frac{VI\cos\theta}{1000} \times t[kWh] \tag{6.7}$$

식 (6.7)에

W = 3[kWh], V = 100[V], I = 5[A], t = 10[h]

를 대입(代入)하면, 다음 방정식(方程式)이 얻어진다.

$$3 = \frac{100 \times 5 \times \cos\theta}{1000} \times 10 = \frac{5 \times 1000}{1000} \times \cos\theta$$

$$3 = 5\cos\theta$$

이 양변(兩邊)을 5로 나누면

$$\cos\theta = \frac{3}{5} = 0.6$$

역률(力率)을 %로 나타내는 데에는 100배하면 되므로

$$\cos\theta[\%] = 0.6 \times 100 = 60[\%]$$

따라서, ②가 정답(正答)이 된다.

➸ 예제 3 3상3선식(三相三線式) 200[V]의 회로(回路)에서 소비전력(消費電力) 2[kW], 역률(力率) 80[%]의 에어콘을 사용(使用)한 경우, 회로(回路)에 흐르는 전류(電流) [A]는 대략(大略) 얼마인가?

① 4.6 ② 5.8 ③ 7.2 ④ 12.5

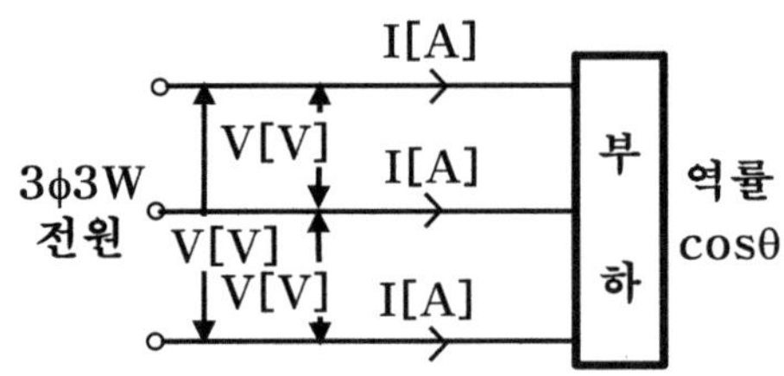

예제 3은 3상전력에 관한 문제(問題)이다. 오른쪽 그림에서 선간전압(線間電壓)을 $V[V]$, 전류(電流)를 $I[A]$, 역률(力率)을 cosθ라 하면

$$P = \sqrt{3}\, VI\cos\theta \tag{6.8}$$

로 주어진다.

식 (6.8)의 문제(問題)에서 주어진

$$P = 2[kW] = 2\times10^3[W],\ V = 200[V],\ \cos\Theta = 0.8$$

을 대입(代入)하면

$$2\times10^3 = \sqrt{3}\times200\times I\times0.8$$

$$2\times10^3 = 160\sqrt{3}I$$

가 된다. 이 양변(兩邊)을 $160\sqrt{3}$ 으로 나누면

$$I = \frac{2\times10^3}{160\sqrt{3}} = \frac{2000}{160\times1.73} = 7.22[A]$$

로 전류(電流)가 구해집니다. 따라서, ③이 정답(正答)이다.

중요

(1) 전선(電線)의 저항(抵抗)

$$R = \rho\frac{l}{S},\ S\text{를 구하는데는}\ S = \frac{\rho l}{R}$$

(2) 단상교류(單相交流)의 소비전력(消費電力)

$$P = VIcos\theta,\ \cos\theta\text{를 구하는 경우에는}\ \cos\theta = \frac{P}{VI}$$

(3) 3상교류(三相交流)의 소비전력(消費電力)

$$P = \sqrt{3}\ VIcos\theta,\ I\text{를 구하는 경우에는}\ I = \frac{P}{\sqrt{3}\ VIcos\theta}$$

6-4 연습문제

(1) 직경(直徑) 1.6[mm], 길이 200[m]인 전선(電線)과 저항(抵抗)이 같은 직경(直徑) 3.2[mm]인 전선(電線)의 길이 [m]는 얼마인가? 단, 소재(素材)는 동일(同一)한 것으로 한다.

① 100　② 200　③ 400　④ 800

(2) 단상(單相) 200[V] 회로(回路)에서 소비전력(消費電力) 2.0[kW], 역률(力率) 80[%]의 에어콘을 사용(使用)한 경우 회로(回路)에 흐르는 전류(電流) [A]는 얼마인가?

① 7.5　② 8.0　③ 10.0　④ 12.5

(3) 단상2선식(單相二線式) 200[V] 회로(回路)에서 소비전력(消費電力) 6[kW], 역률(力率) 60[%]의 전기기기(電氣機器)를 사용(使用)하였을 때의 전류(電流) [A]는 얼마인가? 또한, 그 전류(電流)는 역률(力率)을 85[%]로 하였을 때의 대략(大略) 몇 배인가?

①	②	③	④
18[A]	18[A]	50[A]	50[A]
0.7배	1.4배	0.7배	1.4배

(4) 200[V], 3상3선식(三相三線式)에서 10[kW]의 부하(負荷)에 공급(供給)하고 있는 경우의 선전류(線電流)는 대략(大略) 몇 [A]인가? 단, 역률(力率)은 80[%]라 한다.

① 21　② 36　③ 48　④ 63

6.5 쉬운 이차방정식(二次方程式)

- **질문 : 5[Ω]인 저항(抵抗)의 소비전력(消費電力)이 125[W]일 때, 이 저항(抵抗)에 흐르고 있는 전류(電流) [A]는 얼마인가? 상기(上記)와 같은 문제(問題)는**

$$P = RI^2$$

으로부터 구하면 된다고 하는데,

$$I^2 = \frac{P}{R} = \frac{125}{5}$$

이 뒤에는 어떻게 계산(計算)하면 좋을까?

- **대답** : 질문(質問)과 같이 값을 알 수 없는 문자(文字)가 2승(承)의 형태(形態)로 포함(包含)되어 있는 방정식(方程式)을 2차방정식(二次方程式)이라고 한다. 가장 쉬운 2차방정식(二次方程式)은

$$x^2 = A \tag{6.9}$$

의 형태(形態)가 되는 방정식(方程式)이다.

식 (6.9)가 성립(成立)하는 x는 2승(承)하면 A가 되는 수이므로

$$x = \sqrt{A}$$

가 식 (6.9)의 해(解)가 된다.

예를 들면 2차방정식(二次方程式)이

$$x^2 = 4 \tag{6.10}$$

라 하면, x는 2승(承)하면 4가 된다.

$$x = \sqrt{4} = 2$$

가 식 (6.10)의 해(解)가 된다.

따라서, 질문(質問)인

$$I^2 = \frac{P}{R} = \frac{125}{5} = 25$$

에 대해서는

$$I = \sqrt{25} = 5[A]$$

가 답이 된다.

☞ 중요 (1) 2차방정식(二次方程式) $x^2 = A$의 해(解)는 $x = \sqrt{A}$가 된다.

『예』 $x^2 = 4$일 때, $x = \sqrt{4} = 2$

『예』 $x^2 = 25$일 때, $x = \sqrt{25} = 5$

※ 상세(詳細)하게는

$x^2 = A$ 의 해(解)는 $x = \pm\sqrt{A}$ 이지만

시험(試驗)에서 출제(出題)되는 값은 일반적(一般的)으로는 -값은 없으므로, 여기서는 +값만을 해(解)로 하였다.

6-5 연습문제

(1) 다음의 2차방정식(二次方程式)을 풀어라. 단, 해(解)는 + 부호(符號) 값만으로 하여라.

① $x^2 = 2$ ② $x^2 = 3$ ③ $x^2 = 4$ ④ $x^2 = 9$ ⑤ $x^2 = 25$

(2) 단면적(斷面積)이 8[㎟]이 되는 단선(單線)의 직경(直徑)은 얼마인가?

① 3.2 ② 5.0 ③ 5.4 ④ 6.3

(3) 직경(直徑) 4[mm]인 연동선(軟銅線)과 길이가 같고 저항(抵抗)이 같은 Al선(線)의 직경(直徑) [mm]은 얼마인가? 단, 연동선(軟銅線)에 대하여 Al선(線)의 도전율(導電率)은 64[%]로 한다.

① 3.2 ② 5.0 ③ 5.4 ④ 6.3

(4) 그림과 같은 교류회로(交流回路)에서 임피던스(Impedance)가 10[Ω]이 되는 저항(抵抗) [Ω]은 얼마인가?

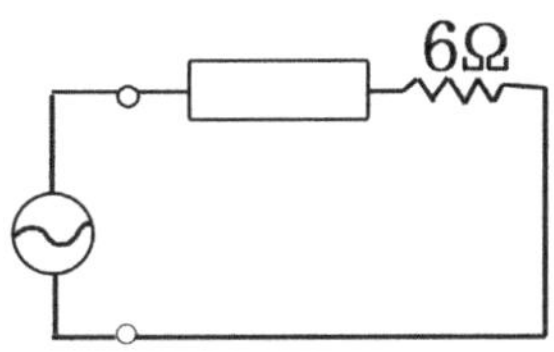

① 4 ② 6 ③ 8 ④ 9

7장 쉬운 삼각함수

삼각함수와 역률 계산

7.1 삼각함수(三角函數)란 무엇인가?

• **질문 : 먼저, 삼각함수(三角函數)란 무엇인지 쉽게 설명(說明)하라.**

• **대답** : 삼각함수(三角函數)란 간단(簡單)하게 말하면 그림 7.1과 같은 직각삼각형(直角三角形)의 변(邊)의 길이의 관계(關係)를 말한다.

각도(角度) Θ가 결정(決定)되면

$$\frac{b}{a},\ \frac{c}{a},\ \frac{b}{c}$$

의 값도 어느 정해진 값을 갖게 되며, 이들을 각각

$$\begin{cases} \sin\theta \ (\text{사인세타}) = \dfrac{b}{a} \\[2ex] \cos\theta \ (\text{코사인세타}) = \dfrac{c}{a} \\[2ex] \tan\theta \ (\text{탄젠트세타}) = \dfrac{b}{c} \end{cases}$$

으로 나타낸다.

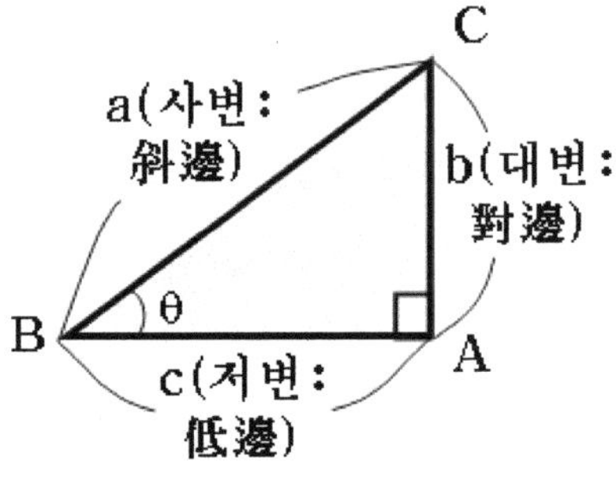

그림 7.1

삼각함수(三角函數)의 기억법(記憶法)

오른쪽과 같이 알파벳 첫글자의 필기체(筆記體)의 필순(筆順)에 대응(對應)하는 변(邊)의 길이를 분모(分母)→분자(分子)의 순(順)으로 쓰면 기억(記憶)하기 쉽다.

① 사인

$$\sin\theta = \frac{b}{a}$$

② 코사인

$$\cos\theta = \frac{c}{a}$$

③ 탄젠트

$$\tan\theta = \frac{b}{c}$$

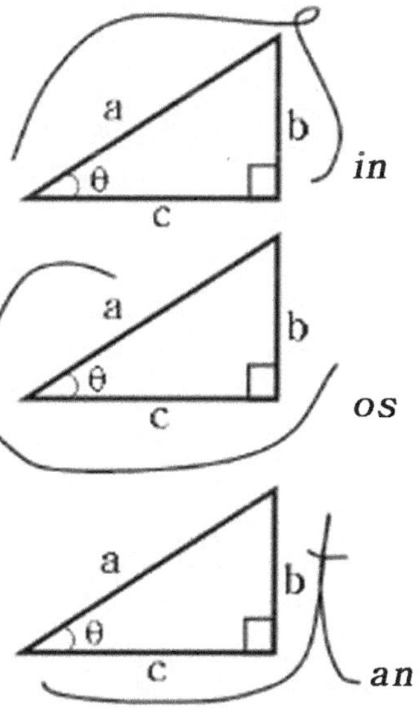

예를 들면 그림 7.2와 같은 직각삼각형(直角三角形)으로부터

$$\sin 36.9^\circ = \frac{3}{5} = 0.6$$

$$\cos 36.9^\circ = \frac{4}{5} = 0.8$$

$$\tan 36.9^\circ = \frac{3}{4} = 0.75$$

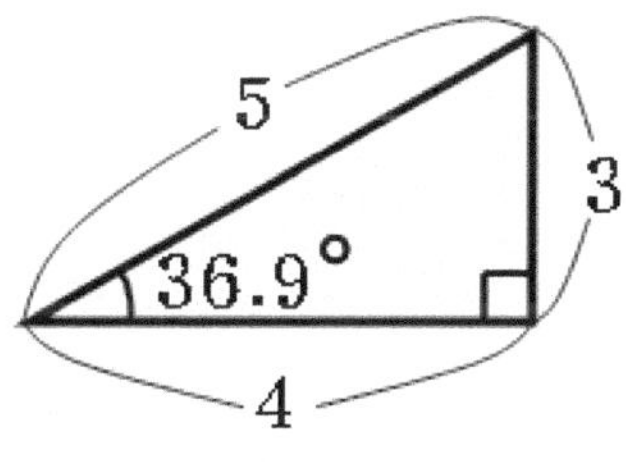

그림 7.2

가 구해진다.

☞ 중요 아래쪽 그림과 같은 직각삼각형(直角三角形)의 변(邊의) 길이의 관계(關係)는 다음과 같이 나타내어진다.

$$\sin\theta = \frac{b}{a},\ \cos\theta = \frac{c}{a},\ \tan\theta = \frac{b}{c}$$

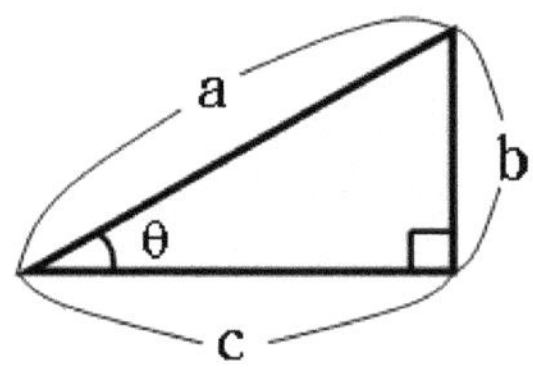

7-1 연습문제

다음의 직각삼각형(直角三角形)에 대하여 sin, cos, tan의 삼각함수(三角函數)를 구하여라.

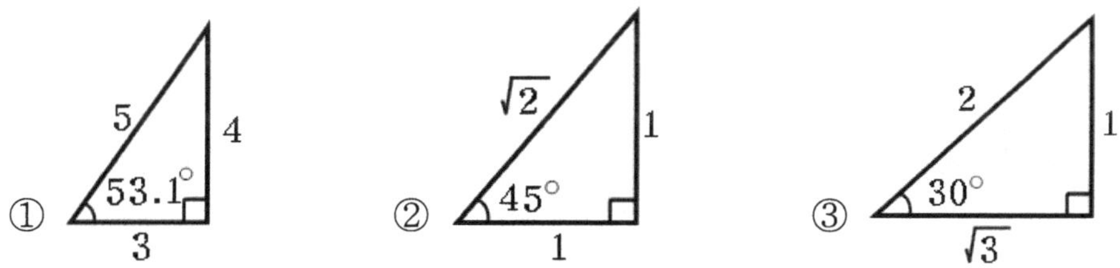

7.2 피타고라스의 정리(定理)란 무엇인가?

- **질문 : 직각삼각형(直角三角形)에 대해서는 피타고라스의 정리(定理)에서 변(邊)의 길이가 정해진다는 것인데, 피타고라스의 정리(定理)란 무엇인가?**
- **대답 :** 피타고라스의 정리(定理)란 그림 7.3과 같은 직각삼각형(直角三角形)에 대해서

$$a^2 = b^2 + c^2$$

(가장 긴 변의 2승은 다른 변의 2승을 더한것이다.)

그림 7.4~7.6의 대표적(代表的)인 직각삼각형(直角三角形)에 대해서 이 관계(關係)가 성립(成立)하는지 조사해 보자.

그림 7.4
$$\begin{cases} a^2 = 5^5 = 25 \\ b^2 + c^2 = 4^2 + 3^2 \\ \quad = 16 + 9 \\ \quad = 25 \end{cases}$$

그림 7.5
$$\begin{cases} a^2 = 2^5 = 4 \\ b^2 + c^2 = (\sqrt{3})^2 + 1^2 \\ \quad = 3 + 1 \\ \quad = 4 \end{cases}$$

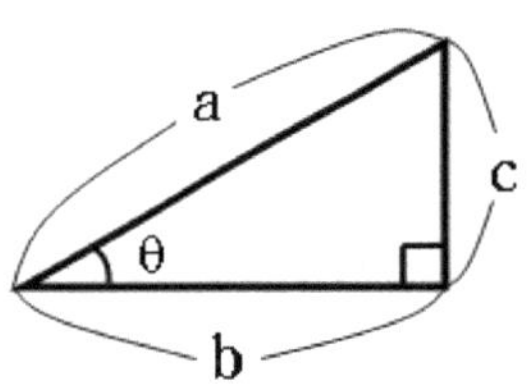

그림 7.3

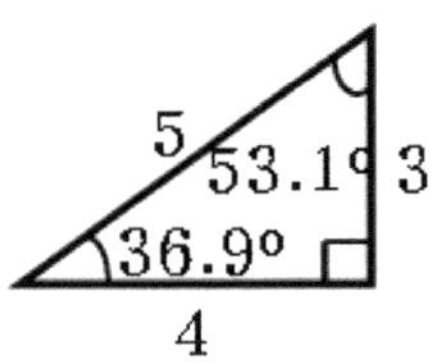

그림 7.4

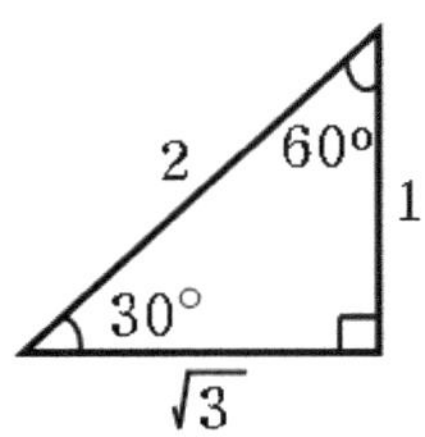

그림 7.5

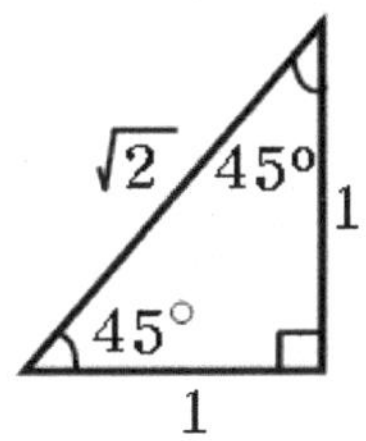

그림 7.6

그림7.6 $\begin{cases} a^2 = (\sqrt{2})^2 = 2 \\ b^2 + c^2 \quad = 1^2 + 1^2 \\ \qquad\qquad = 1 + 1 \\ \qquad\qquad = 2 \end{cases}$

이와 같이 피다고라스의 정리(定理)가 성립(成立)하고 있음을 알 수 있다. 또한, 피타고라스의 정리(定理)를 이용(利用)하면 다음을 알 수 있다.

【cosΘ = 0.8일 때, sinΘ는 얼마인가?】

cosΘ = 0.8인 직각삼각형(直角三角形)은 그림 7.7와 같은 삼각형(三角形)이다.

$$5^2 = 4^2 + c^2$$

$$25 = 16 + c^2$$

16을 이항(移項)하면

$$c^2 = 25 - 16 = 9$$

이 2차방정식(二次方程式)을 풀면

$$c = \sqrt{9} = 3$$

이 된다. 따라서, 그림 7.8과 같은 직각삼각형(直角三角形)으로부터

$$\sin\theta = \frac{3}{5} = 0.6$$

이 된다.

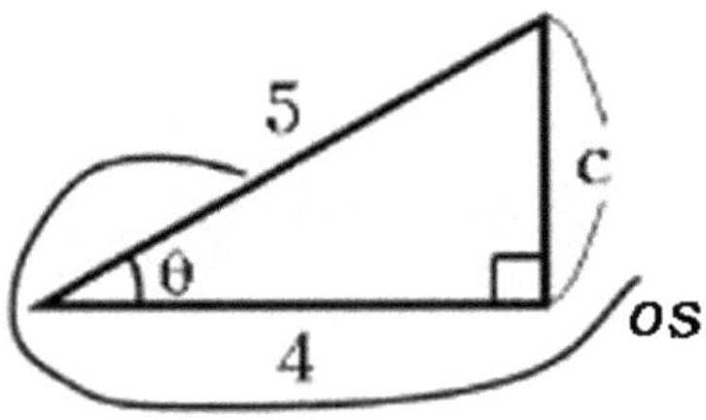

그림 7.7

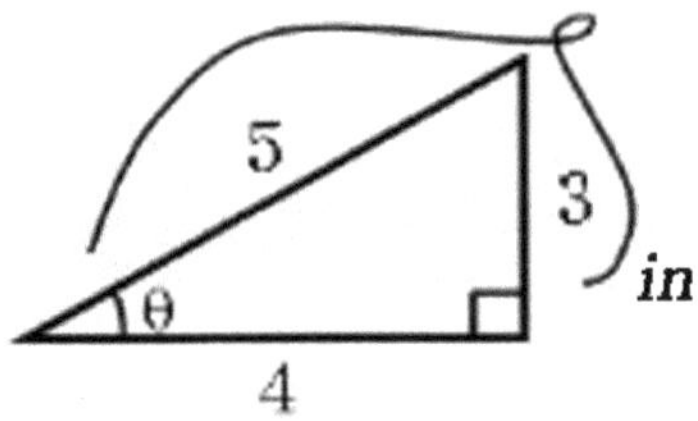

그림 7.8

<**피타고라스의 정리**(定理)>

☞ 아래 그림과 같은 직각삼각형(直角三角形)에 대하여 각 변(邊)의 길이
중요 a, b, c 사이에는

$$a^2 = b^2 + c^2$$

의 관계(關係)가 성립(成立)한다.

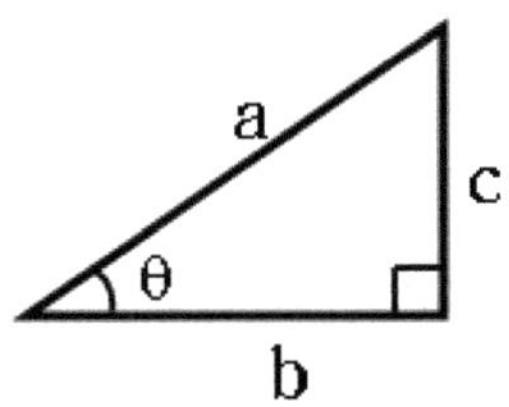

7-2 연습문제

✐ 그림의 변(邊)의 길이 c를 피타고라스의 정리(定理)를 이용(利用)하여 구하라.

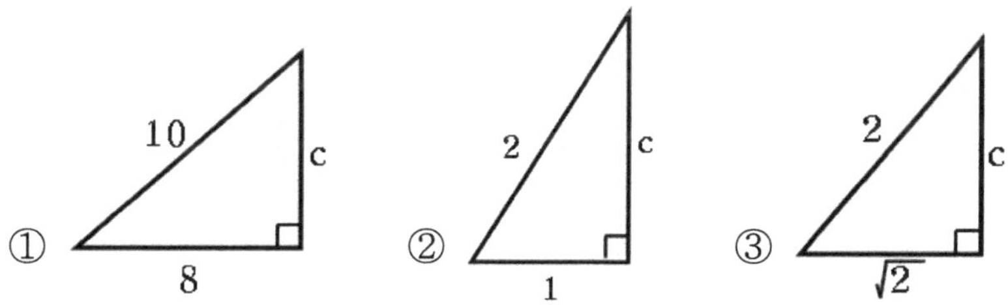

7.3 역률(力率)은 왜 cosΘ로 쓰는가?

- **질문 : 역률(力率)을 cosθ와 같이 쓰는데, 왜 cos을 이용(利用)하는가? 또, 역률(力率)에 대해서 알기 쉽게 설명(說明)하라.**
- **대답 :** 역률(力率)에 대해서 설명(說明)하기 전에 교류회로(交流回路)에 대해서 복습(復習)해 보자.

그림 7.9의 회로(回路)에서

<1> 임피던스(Impedance)

$$Z=\sqrt{R^2+X^2}\,[\Omega]$$

<2> 전류(電流)

$$I=\frac{V}{\sqrt{R^2+X^2}}\,[A]$$

<3> 소비전력(消費電力)

$$P=RI^2=R\cdot\frac{V^2}{R^2+X^2}\,[W]$$

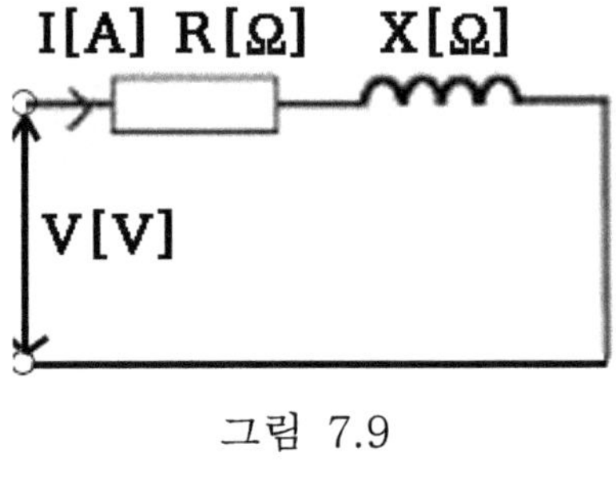

그림 7.9

<4> 무효전력(無效電力)

$$Q = X \cdot I^2 = X \cdot \frac{V^2}{R^2 + X^2} [var]$$

이상(以上)과 같다. 여기서 또 한 가지 다음을 기억(記憶)해 두자.

<5> 피상전력(皮相電力)

$$S = VI [VA]$$

전원(電源)에서 보면 $V[V]$로 $I[A]$가 흐르므로 마치 전력은 VI와 같이 보인다. 이것을 피상전력(皮相電力)이라고 하며, 단위(單位)는 [VA]로 나타낸다.

이와 같이 교류회로(交流回路)의 전력에는 소비전력(消費電力) (P), 무효전력(無效電力) (Q), 피상전력(皮相電力) (S)의 3가지가 있는데, 역률(力率)은 이 중 P와 S에 대하여

$$\text{역률} = \frac{\text{소비전력}(P)}{\text{피상전력}(S)}$$

로 정한 값이다. 따라서, 이 식(式)으로부터

$$\text{소비전력}(P) = \text{피상전력}(S) \times \text{역률}$$

로 나타낼 수도 있다.

그런데, 이상의 3가지 전력(電力)의 크기의 관계(關係)는 그림 7.10과 같은 직각삼각형(直角三角形)의 변(邊)의 크기가 된다.

그럼, 실제(實際)로 직각삼각형(直角三角形)의 변(邊)의 관계(關係)가 되는지를 피타고라스의 정리(定理)를 이용(利用)하여 확인(確認)해 보자.

①
$$S^2=(VI)^2=V^2\times I^2=V^2\times\left(\frac{V}{\sqrt{R^2+X^2}}\right)^2$$

$$=\frac{V^2\times V^2}{\left(\sqrt{R^2+X^2}\right)^2}=\frac{V^4}{R^2+X^2}$$

②
$$P^2+Q^2=\left(\frac{RV^2}{R^2+X^2}\right)^2+\left(\frac{XV^2}{R^2+X^2}\right)^2$$

$$=\frac{R^2V^4}{(R^2+X^2)^2}+\frac{X^2V^4}{(R^2+X^2)^2}$$

$$=\frac{R^2V^4+X^2V^4}{(R^2+X^2)^2}$$

$$=\frac{(R^2+X^2)V^4}{(R^2+X^2)^2}=\frac{V^4}{R^2+X^2}$$

이와 같이 하여 $S^2=P^2+Q^2$의 관계(關係)가 성립(成立)함을 알았다. 따라서, 그림 7.11으로부터

$$\text{역률}=\frac{P}{S}=\cos\theta$$

가 되며, 이것이 역률(力率)을 cosΘ로 나타내는 이유(理由)이다. 또한, 각도(角度) Θ를 **역률각**(力率角)이라고 한다.

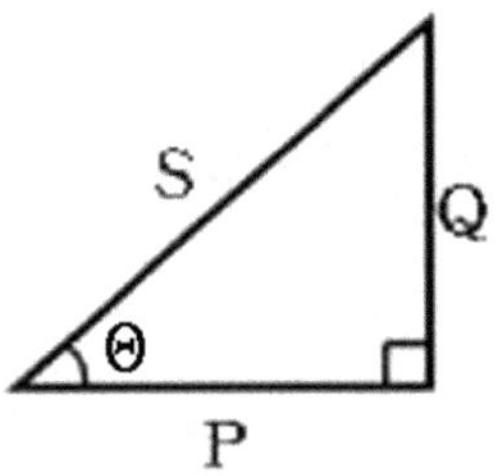

그림7.10

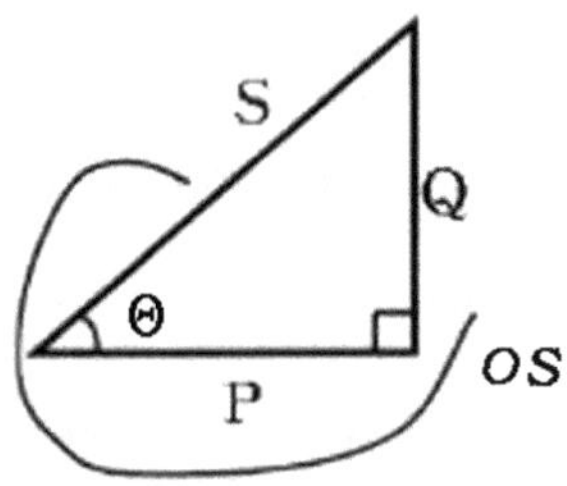

그림 7.11

☜ 중요

(1) 피상전력(皮相電力) S[VA], 소비전력(消費電力) P[W], 무효전력(無效電力) Q[var]는 그림과 같은 직각삼각형(直角三角形)의 변(邊)의 길이의 관계(關係)가 된다.

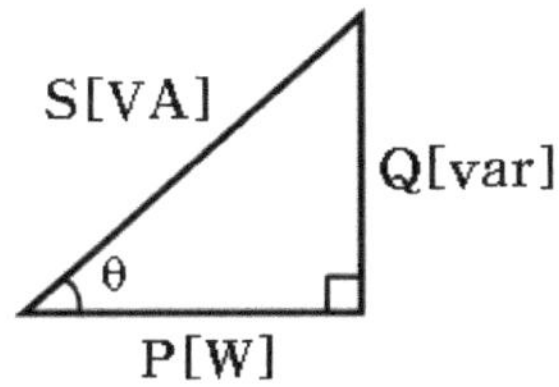

(2) 역률(力率)은

$$역률 = \frac{소비전력\,P}{피상전력\,S} = \cos\theta$$

이다. 따라서,

$$소비전력\,P[W] = 피상전력\,S[VA] \times \cos\theta$$

이다.

7-3 연습문제

(1) 피상전력(皮相電力) 100[VA], 소비전력(消費電力) 80[W]일 때, 역률(力率)은 얼마인가?

① 0.5 ② 0.6 ③ 0.7 ④ 0.8

(2) 그림과 같은 회로(回路)에 교류전압(交流電壓) 100[V]를 인가(引加)하였을 경우, 흐르는 전류(電流) [A]와 역률(力率) [%]는 얼마인가?

① $\begin{cases} 3.6[A] \\ 60[\%] \end{cases}$ ② $\begin{cases} 3.6[A] \\ 80[\%] \end{cases}$

③ $\begin{cases} 5.0[A] \\ 60[\%] \end{cases}$ ④ $\begin{cases} 5.0[A] \\ 80[\%] \end{cases}$

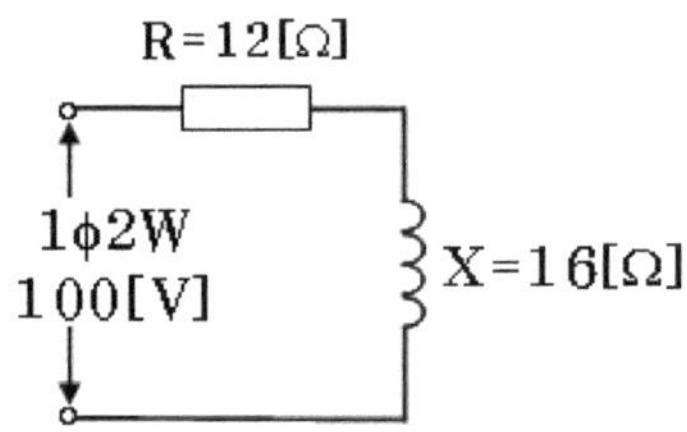

(3) 그림과 같은 회로(回路)에서 임피던스(Impedance) Z[Ω]과 역률(力率) PF[%]는 얼마인가?

① $\begin{cases} Z=5 \\ PF=80 \end{cases}$ ② $\begin{cases} Z=5 \\ PF=60 \end{cases}$

③ $\begin{cases} Z=7 \\ PF=60 \end{cases}$ ④ $\begin{cases} Z=7 \\ PF=80 \end{cases}$

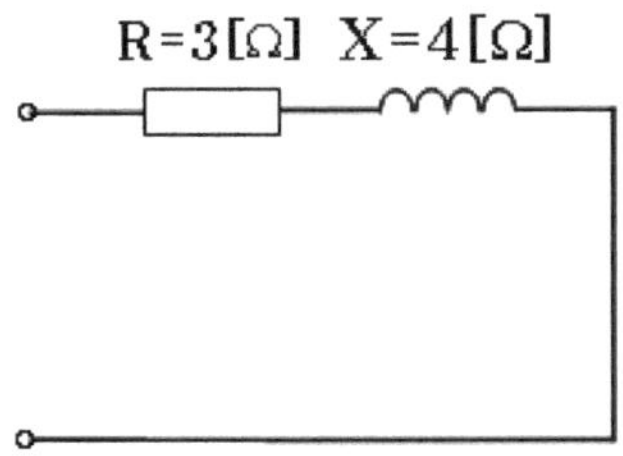

(4) 그림과 같은 회로(回路)의 역률(力率)[%]와 소비전력(消費電力)[W]는 얼마인가?

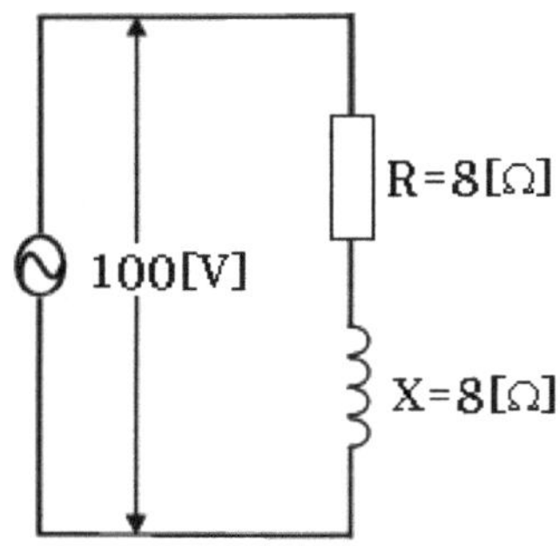

① $\begin{cases} 60[\%] \\ 600[W] \end{cases}$　② $\begin{cases} 80[\%] \\ 600[W] \end{cases}$

③ $\begin{cases} 60[\%] \\ 800[W] \end{cases}$　④ $\begin{cases} 80[\%] \\ 800[W] \end{cases}$

(5) 그림과 같은 회로(回路)에서 저항(抵抗)에 흐르는 전류(電流)가 6[A], 리액턴스에 흐르는 전류(電流)가 8[A]일 때, 회로(回路)의 역률(力率)은 얼마인가?

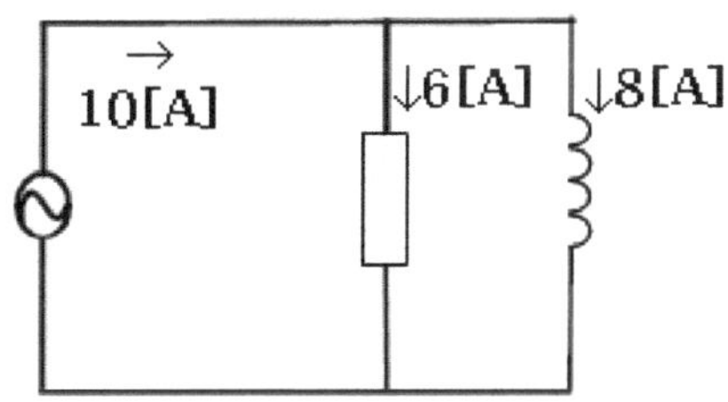

① 43　② 60　③ 75　④ 80

7.4 교류회로(交流回路)에서 전류의 합성은 어떻게

- **질문 : 그림과 같은 교류회로(交流回路)의 전류(電流)에 대해서도 직각 삼각형(直角三角形)의 관계(關係)가 있다고 하는데, 설명(說明) 하라.**
- **대답 :** 제3장의 3절에서 학습(學習)하였듯이 저항(抵抗)에 흐르는 전류(電流) I_R과 코일에 흐르는 전류(電流) I_L에는 파형(波形)의 차이(差異) (위상차(位相差))가 있으며, I_R과 I_L을 더해도 $I_R + I_L$의 값은 되지 않는다.

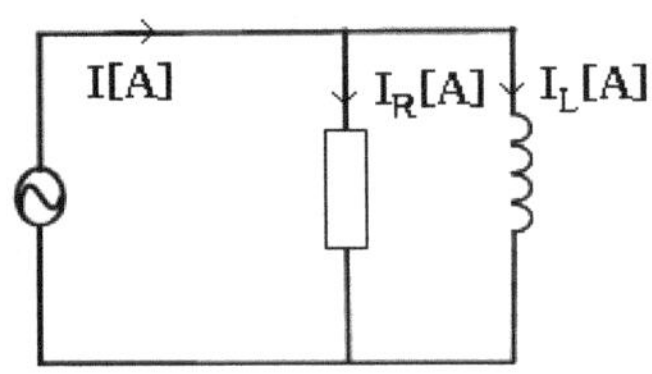

이와 같은 경우에는 그림 7.14와 같은 직각삼각형(直角三角形)을 이용(利用)하여 다음의 계산(計算)을 한다.

$$I = \sqrt{I_R^2 + I_L^2}$$

그럼, 구체적(具體的)으로 예제(例題)에 대하여 계산(計算)해 보자.

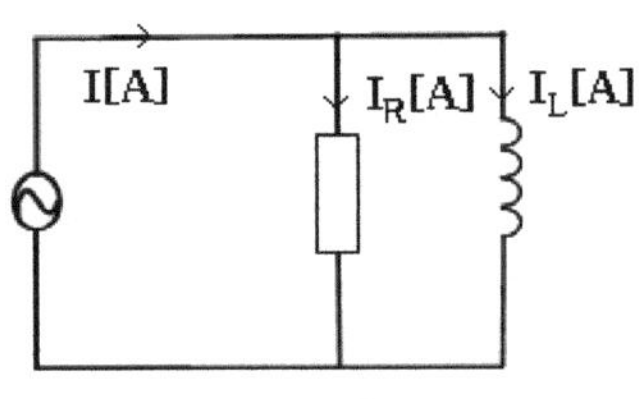

그림 7.12

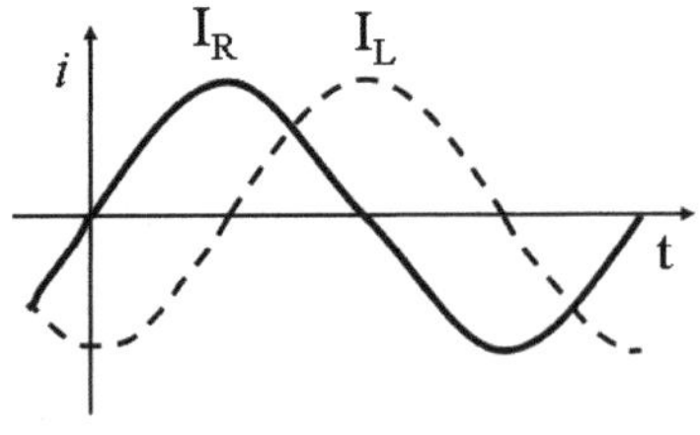

그림 7.13

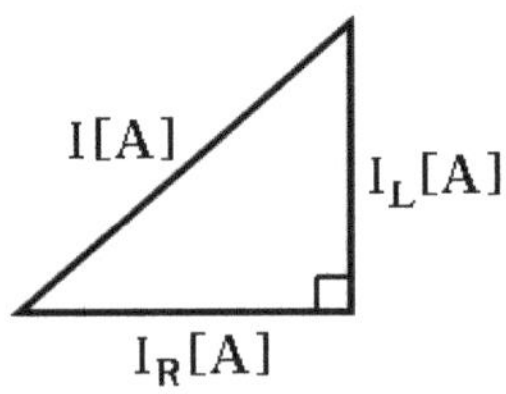

그림 7.14

예제 1 그림과 같은 교류회로(交流回路)에서 저항(抵抗)에 흐르는 전류(電流)가 4[A], 코일에 흐르는 전류(電流)가 3[A]일 때, 전류계(電流計) Ⓐ의 지시(指示)값 [A]은 얼마가?

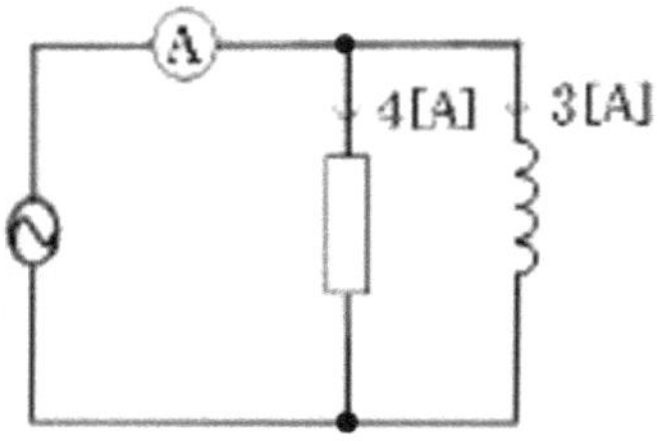

① 1 ② 3 ③ 4 ④ 5

전류(電流)의 관계(關係)를 나타내는 직각삼각형(直角三角形)은 그림 7.15가 되므로 전류계(電流計)의 지시(指示)값은

$$I = \sqrt{4^2 + 3^2} = \sqrt{25} = 5[A]$$

가 되며, ④가 정답(正答)이다.

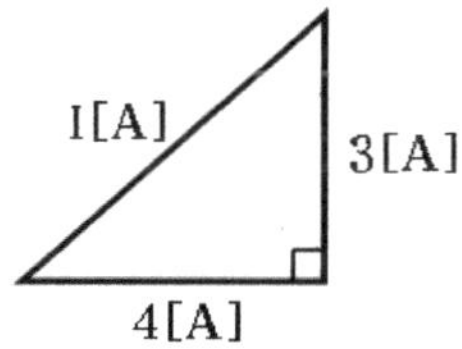

그림 7.15

예제 2 다음그림과 같은 교류회로(交流回路)에서 저항(抵抗)에 흐르는 전류(電流)가 4[A], 코일에 흐르는 전류(電流)가 8[A], 콘덴서에 흐르는 전류(電流)가 5[A]일 때, 전류계(電流計) Ⓐ의 지시(指示)값[A]은 얼마인가?

① 5 ② 8 ③ 12 ④ 17

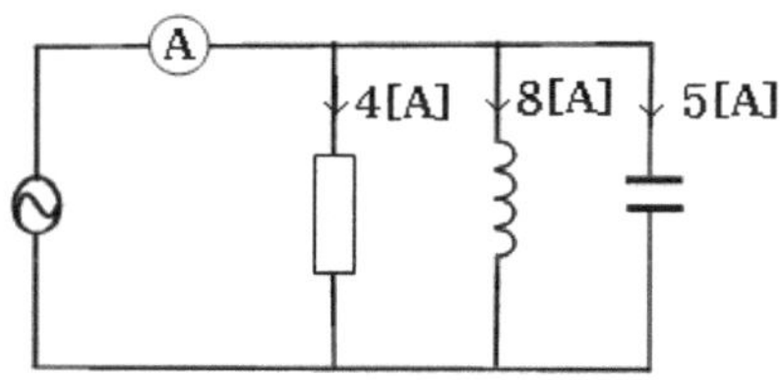

콘덴서에 흐르는 전류(電流)에 대해서는 코일에 흐르는 전류(電流)의 역방향(逆方向)이 되며, 그림 7.16의 직각삼각형(直角三角形)의 높이를

$$8 - 5 = 3[A]$$

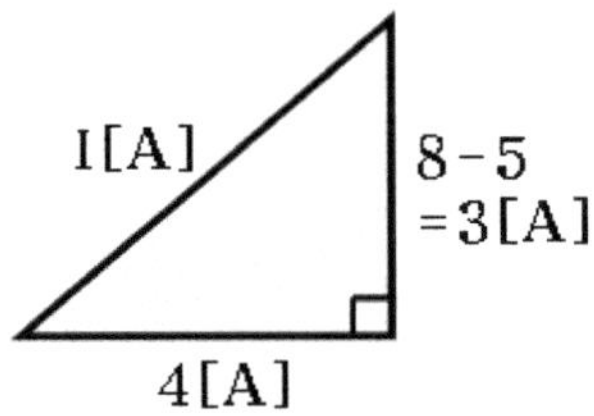

그림 7.16

로 한다. 따라서, 전류계(電流計)의 지시(指示)값은

$$I=\sqrt{4^2+(8-5)^2}=\sqrt{4^2+3^2}$$

$$=\sqrt{25}=5[A]$$

가 되며, ①이 정답(正答)이 된다.

☞ 중요

(1) 그림과 같은 저항(抵抗), 코일, 콘덴서가 병렬(竝列)로 연결(連結)된 회로(回路)의 합성전류(合成電流)는 다음 식(式)이 된다.

$$I=\sqrt{I_R+(I_L-I_C)^2}$$

이다.

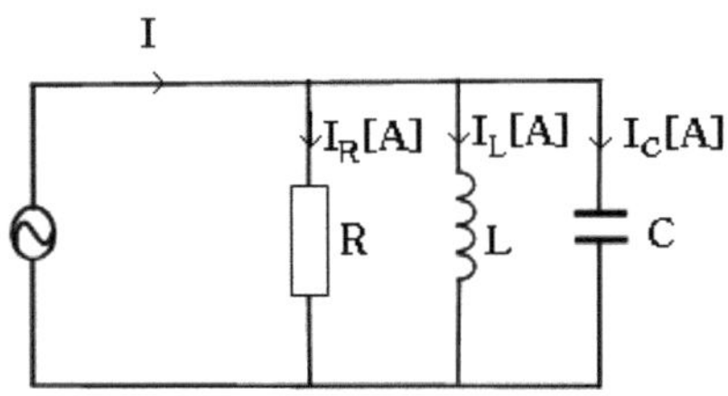

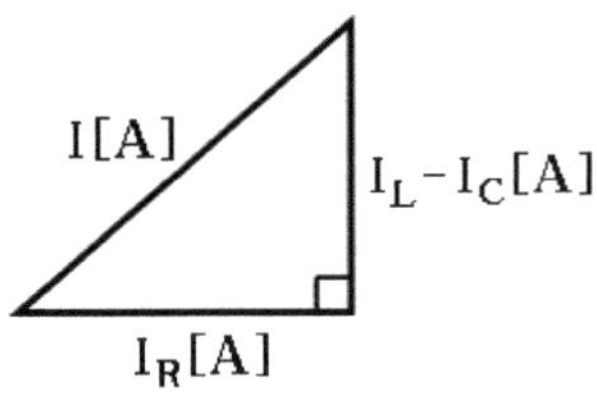

7-4 연습문제

(1) 그림과 같은 회로(回路)에서 저항(抵抗)에 흐르는 전류(電流)가 8[A], 리액턴스에 흐르는 전류(電流)가 6[A]일 때, 전류계(電流計) Ⓐ의 지시(指示)값 [A]은 얼마인가?

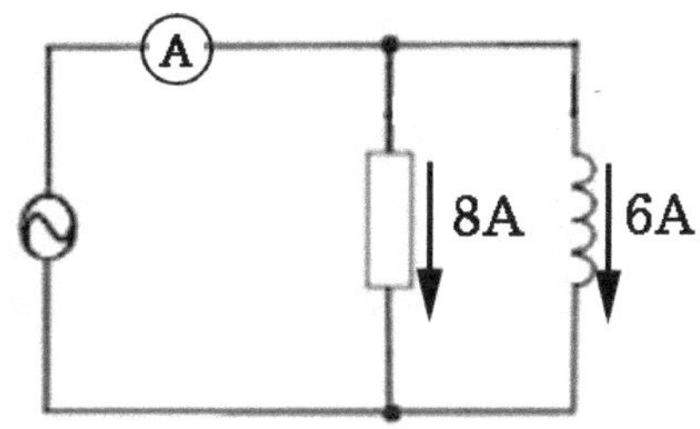

① 2 ② 10 ③ 12 ④ 14

(2) 그림과 같은 교류회로(交流回路)에서 저항(抵抗)에 흐르는 전류(電流)가 8[A], 콘덴서에 흐르는 전류(電流)가 6[A]일 때, 전류계(電流計) Ⓐ의 지시(指示)값 [A]은 얼마인가?

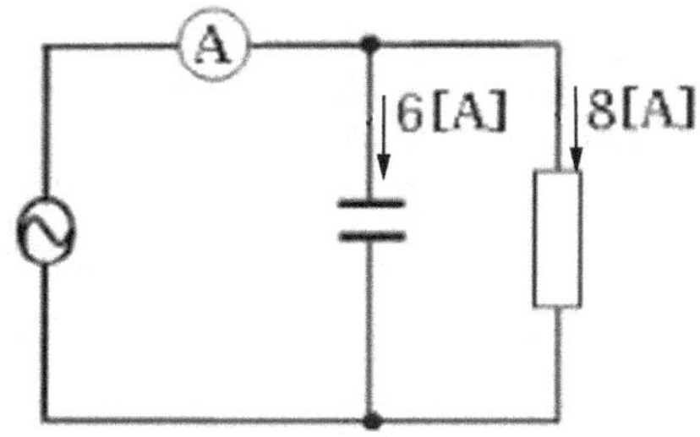

① 2 ② 6 ③ 8 ④ 10

(3) 그림과 같은 회로(回路)에서 L에 흐르는 전류(電流)가 8[A], C에 흐르는 전류(電流)가 6[A]일 때, 전류계(電流計) Ⓐ의 지시(指示)값 [A]은 얼마인가?

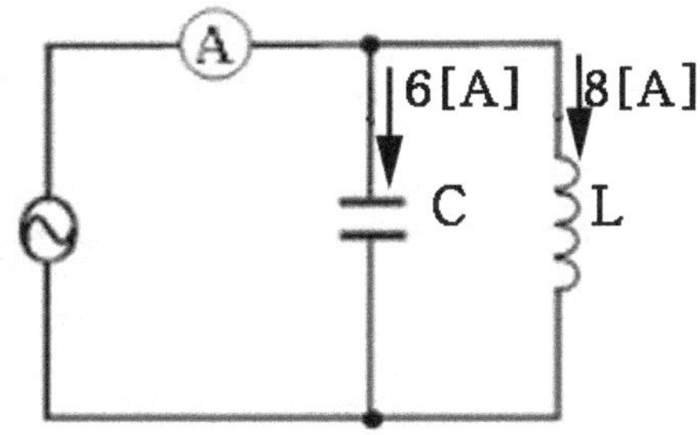

① 2 ② 7 ③ 10 ④ 14

7.5 삼각함수(三角函數)와 전압강하(電壓降下)

• **질문 : 전압강하(電壓降下)의 공식(公式)**

$$e = I(Rcos\theta + Xsin\theta)[V]$$

의 이용(利用) 방법(方法)에 대하여 알기 쉽게 설명(說明)하라.

• **대답 :** 질문(質問)의 공식(公式)은 그림 7.17과 같은 저항(抵抗) R[Ω]과 리액턴스 X[Ω]의 전선(電線)을 통하여 역률(力率)이 cosΘ인 부하(負荷)에 전류(電流) $I[A]$를 흘릴 때, V_r은 V_s보다도

$$e = I(Rcos\theta + Xsin\theta)[V]$$

전압(電壓)이 낮게 됨을 나타내는 것이다.

단, 실제(實際)로 전기기사(電氣技士), 전기공사(電氣工事) 등의 시험에서 출제(出題)되는 주요 패턴은 그림 7.18~7.20에 나타낸 회로(回路)가 된다.

<1> **단상2선식**(單相二線式) (그림 7.18)

전류(電流)는 전선(電線) 2선(線)을 통하여 흐르므로

$$e = V_s - V_r = 2I(Rcos\theta + Xsin\theta)[V]$$

한편, X=0인 조건(條件)에서 주어진 경우는

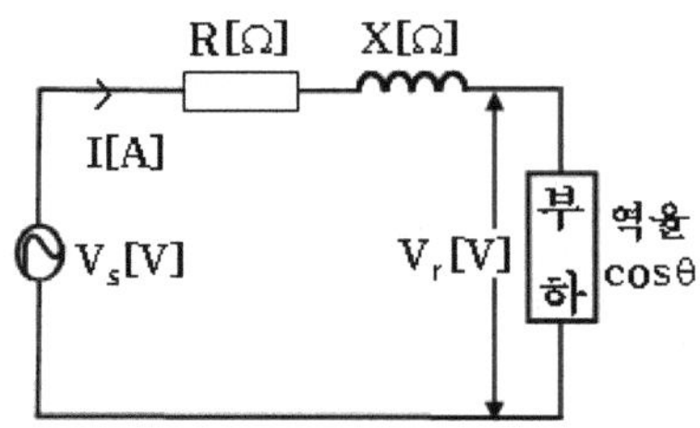

그림 7.17

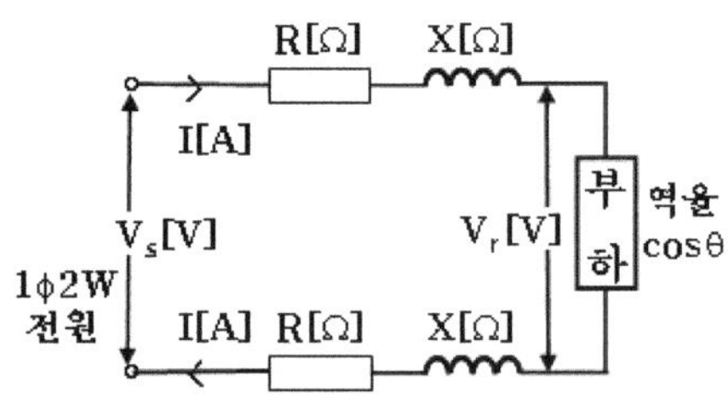

그림 7.18 단상2선식

$$e = V_s - V_r = 2IRcos\theta[V]$$

가 된다.

➽ 예제 1 그림과 같은 회로(回路)에서 전선(電線)의 저항(抵抗)은 4 [Ω/km]이다. AB 사이의 전압(電壓) [V]은 대략(大略) 얼마인가?

① 102 ② 104 ③ 106 ④ 107

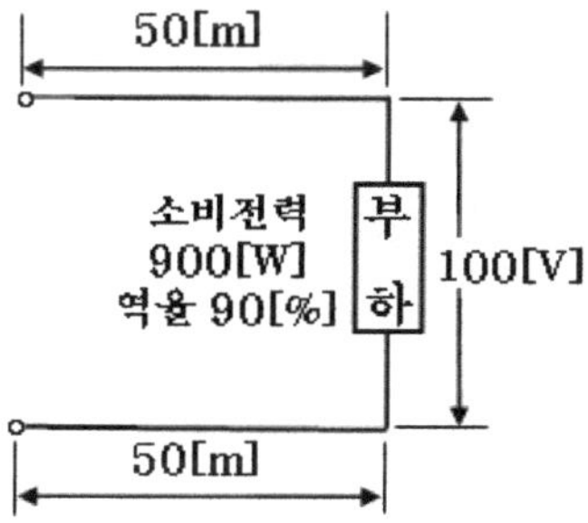

예제 1에서

$$P = VIcos\theta[W]$$

로부터

$$I = \frac{P}{Vcos\theta} = \frac{900}{100 \times 0.9} = 10[A]$$

또한, 전선(電線) 1가닥의 저항(抵抗)은 1[km] = 1,000[m] 당 4[Ω]이므로,

$$R = 4 \times \frac{50}{1000} = 0.2[\Omega]$$

이 되므로, AB 사이의 전압(電壓) V_{AB}는

$$V_{AB} = 100 + e$$
$$= 100 + 2IRcos\theta$$
$$= 100 + 2 \times 10 \times 0.2 \times 0.9$$
$$= 103.6[V]$$

가 되며, ②가 정답(正答)이다.

<2> 단상3선식(單相三線式) (그림 7.19)

이 패턴에서는 일반적(一般的)으로 X = 0, 역률(力率) cosΘ = 1인 조건(條件)이 주어진다. 또한 이에 더하여 부하(負荷) 1과 부하(負荷) 2가 같은 부하(負荷)가 되는 조건(條件)이 주어지면 그림 7.19와 같이 중성선(中性線)에 흐르는 전류(電流)는 0[A]가 되므로,

$e = V_s - V_r = IR[V]$

가 된다.

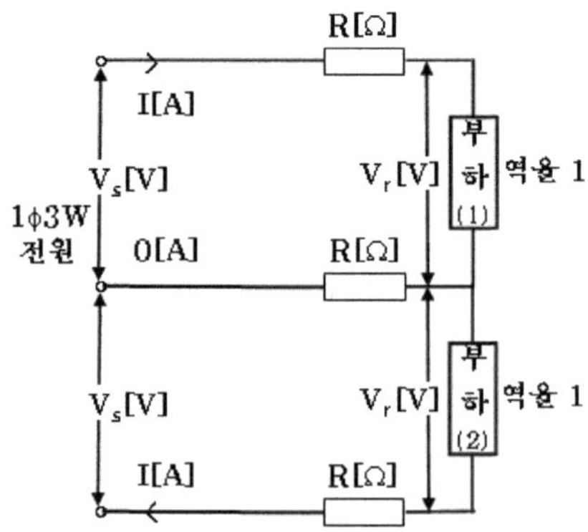

그림 7.19 단상3선식

예제 2 그림과 같은 단상3선식 회로(單相三線式 回路)에서 1[kW]의 저항부하(抵抗負荷)의 단자전압(端子電壓)이 100[V]이라고 하면, 전원측(電源側) ac 사이의 전압(電壓) [V]은 얼마인가?

① 203 ② 205 ③ 206 ④ 212

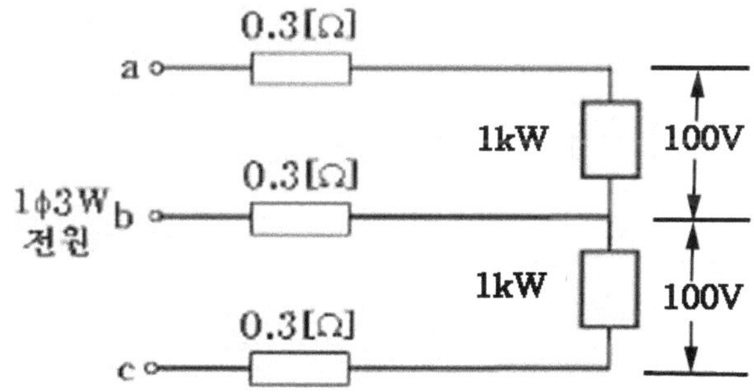

예제 2에서 a선(線) 및 c선(線)에 흐르는 전류(電流)는 저항부하(抵抗負荷)로부터 역률(力率)은 1이므로

$$100 \times I = 1000[W]$$

$$I = \frac{1000}{100} = 10[A]$$

또한, b선(線)의 전류(電流)는 0[A]가 되므로, ab 사이의 전압(電壓) 및 bc 사이의 전압(電壓)은 같으며

$$V_{ab} = V_{bc} = 100 + e = 100 + 0.3 \times 10 = 103[V]$$

가 된다. 이로부터 ac 사이의 전압(電壓)은

$$V_{ac} = 2 \times 103 = 206[V]$$

가 되며, ③ 이 정답(正答)이 된다.

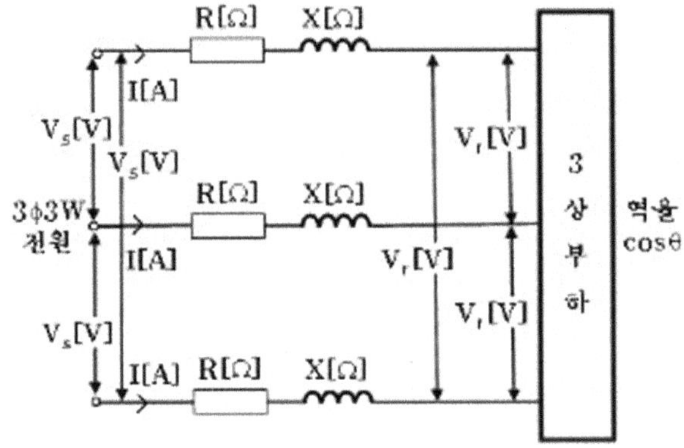

그림 7.20

<3> 삼상3선식(三相三線式) (그림 7.20)

선간전압(線間電壓)의 차 e는 다음 식(式)으로 나타내어진다.

$$e = V_s - V_r$$

$$= \sqrt{3}\,I(R\cos\theta + X\sin\theta)[V]$$

X = 0인 조건(條件)이 주어지면

$$e = V_s - V_r = \sqrt{3}\,IR\cos\theta[V]$$

가 된다.

예제 3 그림과 같은 3상 교류회로(三相交流回路)에서 전(電源)의 전압(電壓) [V]는 대략(大略) 얼마인가?

① 200　② 205

③ 210　④ 220

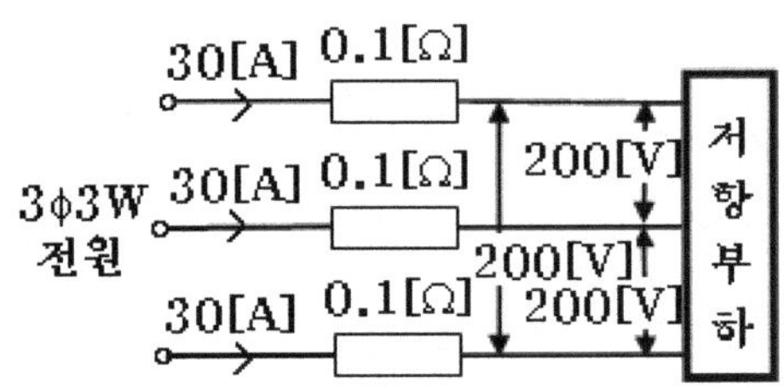

예제 3에서 X = 0이고 또한 저항부하(抵抗負荷)이며, 역률(力率) cos Θ = 1이므로,

$$e = \sqrt{3}\,IR = \sqrt{3} \times 30 \times 0.1 = 5.2[V]$$

따라서, 전원(電源)의 선간전압(線間電壓)은

$$V = 200 + e = 200 + 5.2 = 205.2[V]$$

가 되며, (2)가 정답(正答)이 된다.

(1) 단상2선식(單相二線式)의 전압강하(電壓降下) **중요**

$$e = 2I(R\cos\theta + X\sin\theta)[V]$$

X = 0의 조건(條件)이 주어졌을 때에는

$$e = 2IR\cos\theta[V]$$

(2) 단상3선식(單相三線式)의 전압강하(電壓降下)

X=0, 역률(力率) 1, 중성선(中性線)에 흐르는 전류(電流)가 0일 때에는

$$e = IR[V]$$

(3) 3상3선식(三相三線式)의 전압강하(電壓降下)

X = 0, 역률(力率) 1, 중성선(中性線)에 흐르는 전류(電流)가 0일 때에는

$$e = \sqrt{3}\,I(R\cos\theta + X\sin\theta)[V]$$

X = 0의 조건(條件)이 주어졌을 때에는

$$e = \sqrt{3}\,IR[V]$$

7-5 연습문제

(1) 그림의 단상2선식(單相二線式) 회로(單相二線式 回路)에서 a, b 사이의 전압(電壓) [V]는 얼마인가?

① 98 ② 99 ③ 101 ④ 102

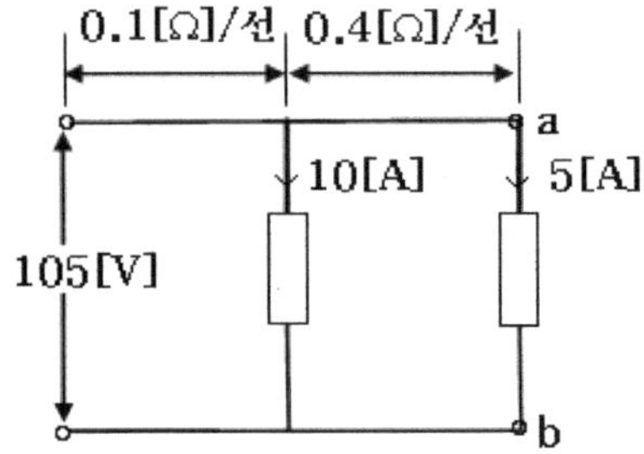

(2) 그림과 같은 회로(回路)에서 a, b 사이에 106[V]를 인가(引加)하였을 때, c, d 사이의 전압(電壓) [V]은 얼마인가?

① 98 ② 99 ③ 100 ④ 101

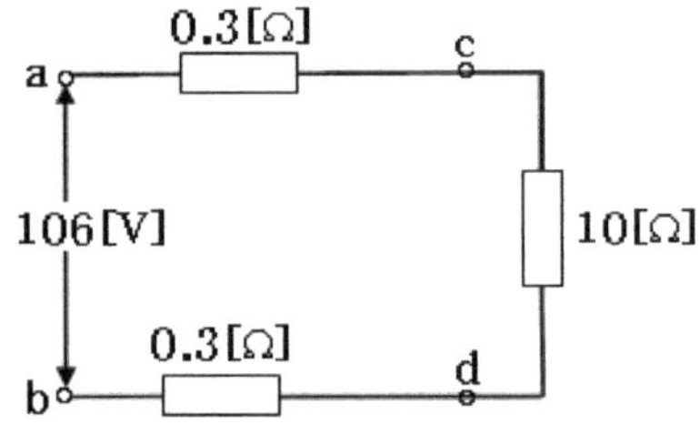

(3) 그림과 같은 단상3선식 회로(單相三線式 回路)에서 100[V], 5[A]의 저항부하(抵抗負荷)의 단자전압(端子電壓)이 100[V]일 때, AV 사이 및 BC 사이의 전압(電壓) [V]은 얼마인가?

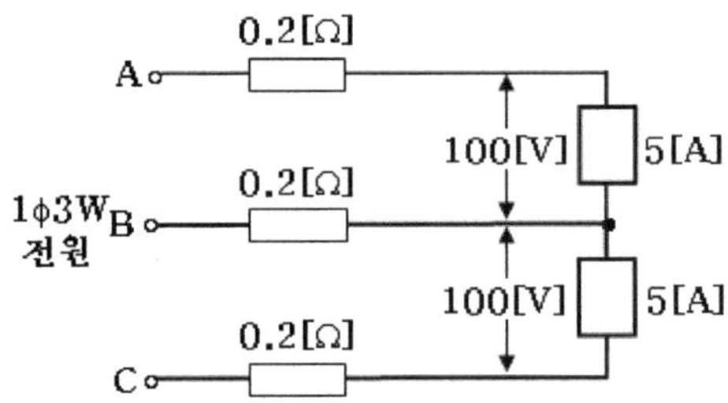

① $\begin{cases} AB\text{사이}\,100[V] \\ BC\text{사이}\,100[V] \end{cases}$ ② $\begin{cases} AB\text{사이}\,101[V] \\ BC\text{사이}\,101[V] \end{cases}$

③ $\begin{cases} AB\text{사이 } 101[V] \\ BC\text{사이 } 102[V] \end{cases}$ ④ $\begin{cases} AB\text{사이 } 102[V] \\ BC\text{사이 } 101[V] \end{cases}$

(4) 그림과 같은 회로(回路)에서 a, b 사이에 106[V]를 인가(引加)하였을 때, c, d 사이의 전압(電壓) [V]은 얼마인가?

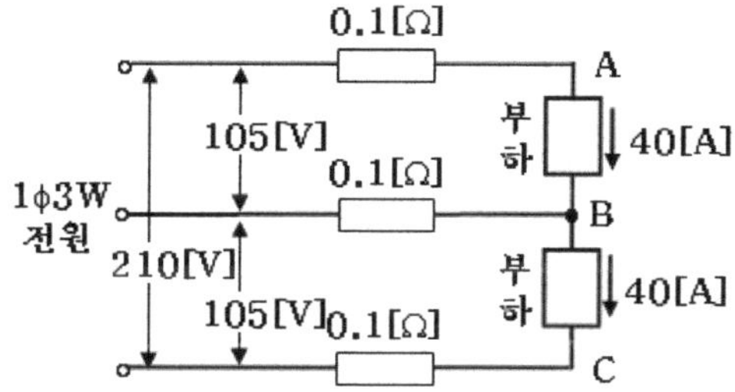

① 99 ② 101
③ 103 ④ 105

(5) 그림과 같은 회로(回路)에서 a, b 사이에 106[V]를 인가(引加)하였을 때, c, d 사이의 전압(電壓) [V]은 얼마인가?

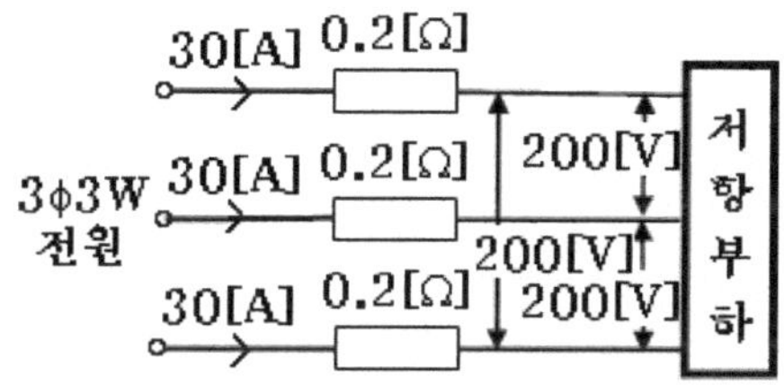

① 203 ② 210
③ 220 ④ 229

연습문제 답

1-1 연습문제 답

(1)

① 0.5 ② 0.8 ③ 1.333… ④ 0.75 ⑤ 0.333…

(2)

① $\frac{1}{2}$ ② $\frac{1}{2}$ ③ $\frac{2}{7}$ ④ $\frac{1}{9}$ ⑤ $\frac{1}{3}$

(3)

① $\frac{1}{10}$ ② $\frac{25}{100}=\frac{1}{4}$ ③ $\frac{18}{100}=\frac{9}{50}$

④ $\frac{5}{100}=\frac{1}{20}$ ⑤ $\frac{125}{100}=\frac{25}{20}=\frac{5}{4}$

1-2 연습문제 답

(1)

① $\frac{1}{3}+\frac{1}{5}=\frac{5}{15}+\frac{3}{15}=\frac{5+3}{15}=\frac{8}{15}$

② $\frac{1}{2}-\frac{1}{3}=\frac{3}{6}-\frac{2}{6}=\frac{1}{6}$

③ $\frac{1}{4}-2=\frac{1}{4}-\frac{2}{1}=\frac{1}{4}-\frac{2\times4}{4}=\frac{1-8}{4}=-\frac{7}{4}$

④ $1+\frac{1}{4}=\frac{1}{1}+\frac{1}{4}=\frac{4}{4}+\frac{1}{4}=\frac{5}{4}$

⑤ $\frac{1}{2}+\frac{1}{8}=\frac{4}{8}+\frac{1}{8}=\frac{5}{8}$

(2)

① 저항(抵抗) A를 $R_A[\Omega]$, 저항(抵抗) B를 $R_B[\Omega]$라 하면

$$R_A = \frac{2}{3} = \frac{8}{12}[\Omega]$$

$$R_B = \frac{3}{4} = \frac{9}{12}[\Omega]$$

$$R_B - R_A = \frac{9}{12} - \frac{8}{12} = \frac{1}{12}[\Omega]$$

따라서, 저항(抵抗) B가 $\frac{1}{12}[\Omega]$ 크다.

② 저항(抵抗을) 직렬(直列)로 연결(連結)하였을 때의 합성저항(合成抵抗)은 $R_A + R_B$가 되므로

$$R_A + R_B = \frac{2}{3} + \frac{3}{4} = \frac{8}{12} + \frac{9}{12} = \frac{17}{12}[\Omega]$$

1-3 연습문제 답

① $\frac{2}{3} \times \frac{1}{4} = \frac{2 \times 1}{3 \times 4} = \frac{2}{12} = \frac{1}{6}$

② $\frac{3}{5} \times 3 = \frac{3 \times 3}{5} = \frac{9}{5}$

③ $\frac{4}{3} \times \frac{1}{2} = \frac{4 \times 1}{3 \times 2} = \frac{4}{6} = \frac{2}{3}$

④ $\frac{4}{9} \times \frac{3}{4} = \frac{4 \times 3}{9 \times 4} = \frac{12}{36} = \frac{1}{3}$

⑤ $\frac{5}{2}\times\frac{2}{5}=\frac{5\times2}{2\times5}=1$

⑥ $4\times\frac{1}{2}=\frac{4\times1}{2}=2$

⑦ $\frac{1}{12}\times\frac{24}{5}=\frac{24}{12\times5}=\frac{2}{5}$

⑧ $\frac{5}{7}\times\frac{14}{3}=\frac{5\times14}{7\times3}=\frac{10}{3}$

1-4 연습문제 답

① $\frac{2}{3}\div\frac{1}{4}=\frac{2}{3}\times\frac{4}{1}=\frac{8}{3}$

② $\frac{3}{5}\div3=\frac{3}{5}\times\frac{1}{3}=\frac{1}{5}$

③ $\frac{4}{3}\div\frac{1}{2}=\frac{4}{3}\times\frac{2}{1}=\frac{8}{3}$

④ $\frac{4}{9}\div\frac{2}{3}=\frac{4}{9}\times\frac{3}{2}=\frac{12}{18}=\frac{2}{3}$

⑤ $4\div\frac{1}{2}=4\times2=8$

⑥ $\frac{5}{12}\div\frac{1}{5}=\frac{5}{12}\times\frac{5}{1}=\frac{25}{12}$

⑦ $\frac{7}{9}\div\frac{7}{18}=\frac{7}{9}\times\frac{18}{7}=2$

⑧ $\frac{1}{6}\div6=\frac{1}{6}\times\frac{1}{6}=\frac{1}{36}$

1-5 연습문제 답

① $\dfrac{3}{1+\dfrac{1}{2}}=\dfrac{3}{\dfrac{2}{2}+\dfrac{1}{2}}=\dfrac{3}{\dfrac{3}{2}}=3\times\dfrac{2}{3}=2$

② $\dfrac{100}{5+\dfrac{6\times3}{6+3}}=\dfrac{100}{5+\dfrac{18}{9}}=\dfrac{100}{5+2}=\dfrac{100}{7}$

③ $\dfrac{1}{\dfrac{1}{5}+\dfrac{1}{10}}=\dfrac{1}{\dfrac{2}{10}+\dfrac{1}{10}}=\dfrac{1}{\dfrac{3}{10}}=1\times\dfrac{10}{3}=\dfrac{10}{3}$

④ $\dfrac{1}{3+\dfrac{1}{2}}\times\dfrac{1}{4}=\dfrac{1}{\dfrac{6}{2}+\dfrac{1}{2}}\times\dfrac{1}{4}=\dfrac{1}{\dfrac{7}{2}}\times\dfrac{1}{4}=\dfrac{2}{7}\times\dfrac{1}{4}=\dfrac{1}{14}$

⑤ $\dfrac{100}{3+\dfrac{4\times2}{4+2}}\times3=\dfrac{100}{3+\dfrac{8}{6}}\times3=\dfrac{100}{\dfrac{18}{6}+\dfrac{8}{6}}\times3$

$$=\dfrac{100}{\dfrac{26}{6}}\times3=100\times\dfrac{6}{26}\times3=\dfrac{1800}{26}=\dfrac{900}{13}$$

1-6 연습문제 답

(1) 3[Ω]과 6[Ω]의 병렬(竝列) 부분(部分)의 합성저항(合成抵抗)은

$$R_1=\frac{3\times6}{3+6}=\frac{18}{9}=2[\Omega]$$

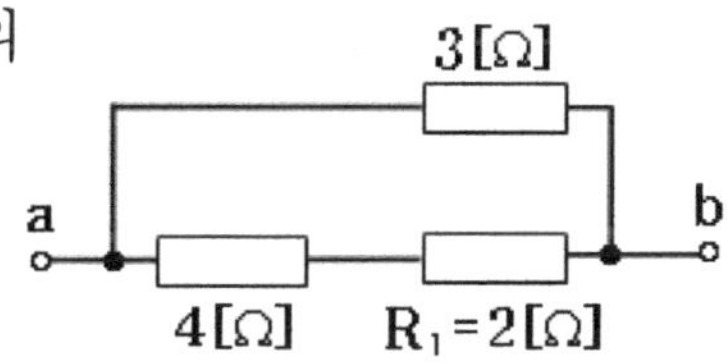

따라서, 문제(問題)의 회로(回路)는 다음과 같이 된다.

다음으로 4[Ω]과 2[Ω]의 직렬회로(直列回路)의 합성저항(合成抵抗)은

$$R_2 = 4 + 2 = 6[\Omega]$$

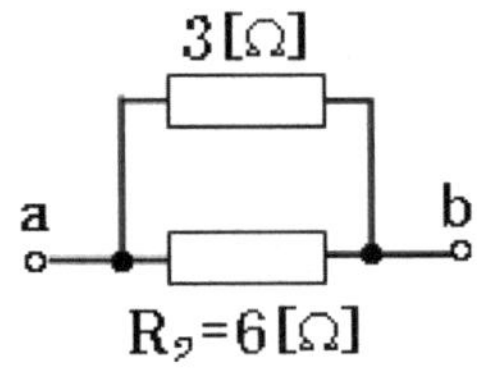

이 되므로, 다음과 같이 고쳐서 그릴 수 있다.

따라서, 전체(全體) 합성저항(合成抵抗)은

$$R_{ab} = \frac{3 \times 6}{3+6} = \frac{18}{9} = 2[\Omega]$$

정답 ②

(2) 2[Ω]과 2[Ω]의 병렬(竝列) 부분(部分)의 합성저항(合成抵抗)은

$$R_1 = \frac{2 \times 2}{2+2} = \frac{4}{4} = 1[\Omega]$$

3[Ω]과 6[Ω]의 병렬(竝列) 부분(部分)의 합성저항(合成抵抗)은

$$R_2 = \frac{3 \times 6}{3+6} = \frac{18}{9} = 2[\Omega]$$

따라서, 문제(問題)의 회로(回路)는 다음과 같이 된다.

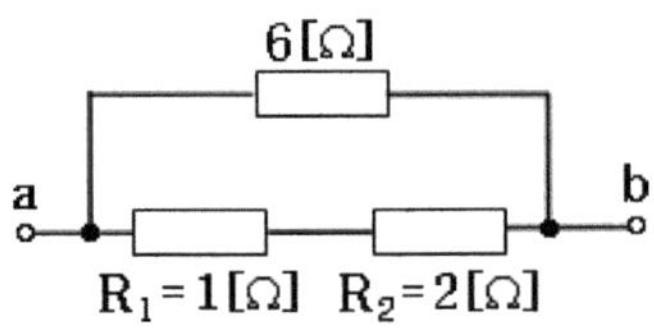

다음으로 1[Ω]과 2[Ω]의 직렬(直列) 부분(部分)의 합성저항(合成抵抗)은

$$R_3 = 1 + 2 = 3[\Omega]$$

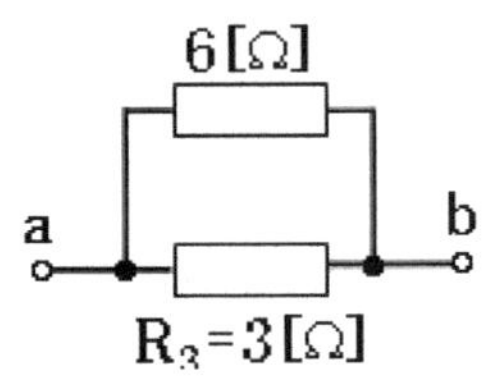

이 되므로, 다음과 같이 고쳐서 그릴 수 있다.

따라서, 전체(全體) 합성저항(合成抵抗)은

$$R_{ab} = \frac{3\times6}{3+6} = 2[\Omega]$$

정답 ②

(3) 5[Ω]과 10[Ω]의 병렬(竝列) 부분(部分)의 합성저항(合成抵抗)은

$$R = \frac{5\times10}{5+10} = \frac{50}{15} = \frac{10}{3}[\Omega]$$

따라서 ac 사이의 전 저항(抵抗)은

$$5 + \frac{10}{3} = \frac{15+10}{3} = \frac{25}{3}[\Omega]$$

이 된다, 여기서, 5[Ω] 저항(抵抗)의 전압(電壓)이 60[V]이므로, 회로(回路)에 흐르는 전류(電流) I는

$$I = \frac{60}{5} = 12[A]$$

가 되므로, ac 사이의 전압(電壓)은

$$V_{ac} = \frac{25}{3}\times12 = \frac{25\times12}{3} = 100[V]$$

가 된다.

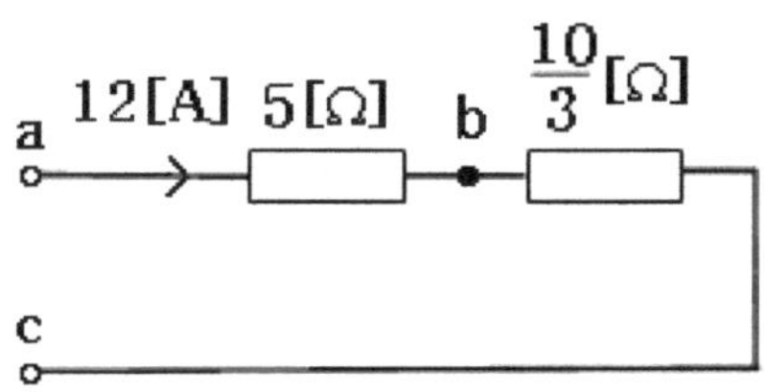

정답 ③

(4) 20[Ω]과 30[Ω]의 합성저항(合成抵抗)은

$$R=\frac{20\times30}{20+30}=\frac{600}{50}=12[\Omega]$$

전체(全體) 합성저항(合成抵抗)은

$$12+8=20[\Omega]$$

이 되므로, 단자(端子)에 흐르는 전류(電流)는

$$\frac{100}{20}=5[A]$$

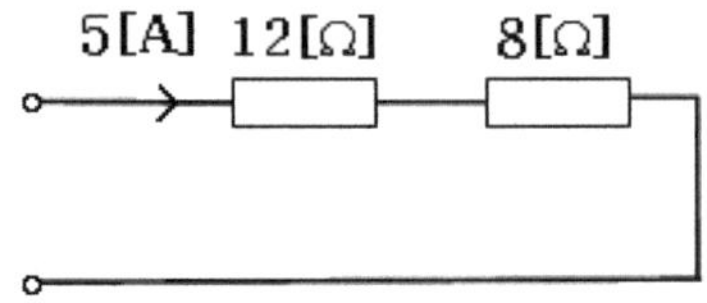

20[Ω]과 30[Ω]의 합성저항(合成抵抗) 부분(部分)에 인가(引加)되는 전압(電壓)은

$$5\times12=60[V]$$

가 되므로, 20[Ω]의 저항(抵抗)에 흐르는 전류(電流)는

$$\frac{60}{20}=3[A]$$

가 된다.

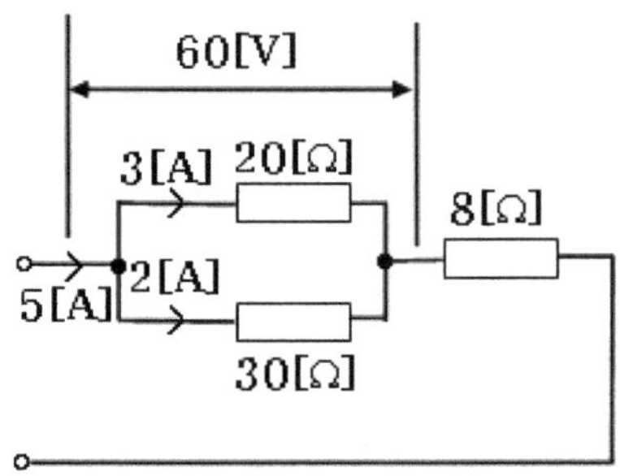

정답 ②

(5) 12[Ω]의 저항(抵抗)에는

$$I_1=\frac{24}{12}=2[A],$$

6[Ω]의 저항(抵抗)에는

$$I_2=\frac{24}{6}=4[A]$$

의 전류(電流)가 흐르므로,

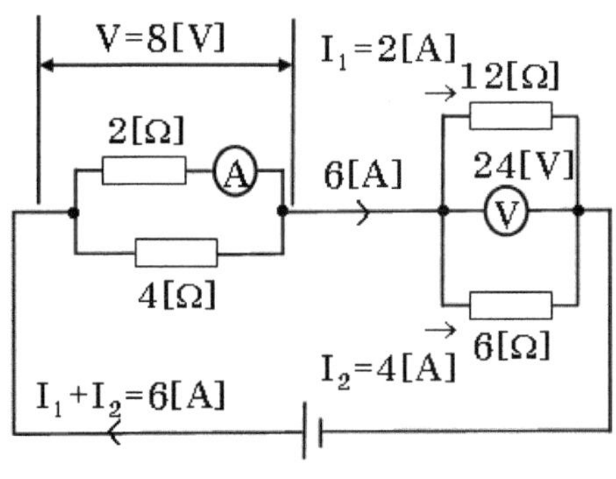

전원(電源)으로부터 흐르는 전류(電流)는

$$I_1+I_2=2+4=6[A]$$

가 된다. 여기서, 2[Ω]과 4[Ω]의 합성저항(合成抵抗)은

$$R=\frac{2\times4}{2+4}=\frac{8}{6}=\frac{4}{3}[\Omega]$$

이 되므로, 2[Ω]과 4[Ω]에 인가(引加)되는 전압(電壓)은

$$V=R\times(I_1+I_2)=\frac{4}{3}\times6=8[V]$$

따라서, 2[Ω]에 흐르는 전류(電流)는

$$I=\frac{V}{2}=\frac{8}{2}=4[A]$$

이다. 한편, 4[Ω]에 흐르는 전류(電流)는

$$I'=\frac{8}{4}=2[A]$$

가 된다.

정답 ③

2-1 연습문제 답

(1) ① 2 ② 3 ③ 4

(2) ① $2^2=2\times2=4$ ② $3^3=3\times3\times3=27$

③ $10^2=10\times10=100$ ④ $6^2=6\times6=36$

(3) 전류(電流) $I=\frac{V}{R}[A]$

소비전력(消費電力) $P=RI^2=R\times(\frac{V}{R})^2=R\times\frac{V^2}{R^2}=\frac{V^2}{R}[W]$

2-2 연습문제 답

(1) $P = RI^2 = R \times I \times I = 6 \times 10 \times 10 = 600[W]$

정답 ②

(2) 10[Ω]의 저항(抵抗)에 흐르는 전류(電流) I는

$I = \frac{V}{R} = \frac{100}{10} = 10[A]$

$P = RI^2 = 10 \times 10 \times 10 = 1000[W]$

정답 ④

(3) 10[A]가 흐르며 단자전압(端子電壓)이 80[V]가 되는 저항(抵抗)은

$R = \frac{80}{10} = 80[A]$

$P = RI^2 = 8 \times 10 \times 10 = 800[W]$

정답 ②

(4) 100[V]를 인가(引加)하여 4[A]가 흐르는 저항(抵抗)은

$R = \frac{100}{4} = 25[A]$

$P = 25 \times 4 \times 4 = 400[W]$

정답 ①

2-3 연습문제 답

(1) $S_1 = \frac{\pi D_1^2}{4} = \frac{\pi \times 2 \times 2}{4} = 3.13[mm^2]$

(2) $S_2 = \frac{\pi D_2^2}{4} = \frac{\pi \times 1.6 \times 1.6}{4} = 2.01[mm^2]$

(3) $\frac{S_1}{S_2} = 3.14 \div 2.01 = 1.56$ [배]

2-4 연습문제 답

(1) 전선(電線)의 단면적(斷面積)

$$S = \frac{\pi D^2}{4} = \frac{\pi \times 1.6 \times 1.6}{4} = 0.64\pi[mm^2]$$

$$R = \rho\frac{l}{S} = 0.017 \times \frac{120}{0.64\pi} = \frac{2.04}{2.01} \fallingdotseq 1[\Omega]$$

정답 ②

(2) 전선(電線)의 단면적(斷面積)

$$S = \frac{\pi D^2}{4} = \frac{\pi \times 2 \times 2}{4} = 3.14[mm^2]$$

$$R = \rho\frac{l}{S} = 0.017 \times \frac{200}{3.14} = 1.08[\Omega]$$

정답 ②

(3) $R = \rho\frac{l}{S}$의 식(式)으로부터 단면적(斷面積) S가 2[㎟] → 8[㎟]로 4배가 되면 저항(抵抗)은 $\frac{1}{4}$이 된다. 또한, 길이 ℓ이 12[m] →

96[m]로 8배가 되면 저항(抵抗)도 8배가 된다. 따라서,

$$R' = 0.1 \times \frac{1}{4} \times 8 = 0.2[\Omega]$$

※ ρ는 일정(一定)하다고 생각한다.

정답 ③

(4) 직경(直徑)이 1.6[mm] → 3.2[mm]로 2배가 되면 단면적(斷面積)은 $S = \frac{\pi D^2}{4}$로부터 4배가 되며, 저항(抵抗)은 $\frac{1}{4}$이 된다. 따라서, 길이가 4배가 되면 저항(抵抗)값은 같게 되므로,

$l = 10 \times 4 = 40[m]$

정답 ④

(5) 직경(直徑)이 1.6[mm] → 3.2[mm]로 2배가 되면 단면적(斷面積)이 4배가 되며, 저항(抵抗)은 $\frac{1}{4}$이 된다. 또한, 길이가 100[m] → 50[m]로 $\frac{1}{2}$이 되면 저항(抵抗)도 $\frac{1}{2}$이 된다. 따라서, 전체(全體)로서는 B 저항(抵抗)은 A 저항(抵抗)의

$$\frac{R_B}{R_A} = \frac{1}{4} \times \frac{1}{2} = \frac{1}{8} \text{[배]}$$

가 된다. 따라서, A 저항(抵抗)은 B 저항(抵抗)의 8배이다.

정답 ④

3-1 연습문제 답

(1) ① 4 ② 5 ③ 6 ④ 7 ⑤ 10

(2) ① 2 ② 3 ③ $\sqrt{2}$ ④ $\sqrt{3}$

3-2 연습문제 답

(1) ① $\sqrt{2+2}=\sqrt{4}=2$

② $\sqrt{3^2+4^2}=\sqrt{25}=5$

③ $5\sqrt{4}=5\times 2=10$

④ $5\sqrt{9+16}=5\sqrt{25}=5\times 5=25$

⑤ $\dfrac{100}{\sqrt{64}}=\dfrac{100}{8}=\dfrac{25}{2}$

⑥ $\dfrac{100}{\sqrt{3^2+4^2}}=\dfrac{100}{\sqrt{25}}=\dfrac{100}{5}=20$

⑦ $\dfrac{141}{\sqrt{2}}=\dfrac{141}{1.41}=100$

⑧ $\dfrac{200}{\sqrt{3}}=\dfrac{200}{1.73}=116$

(2) $200\sqrt{2}=200\times 1.41=282[V]$

정답 ③

(3) 전류(電流)의 실효(實效)값은

$$I=\frac{100}{20}=5[A]$$

따라서, 전류(電流)의 최대(最大)값 I_m은

$$I_m = 5\sqrt{2} = 5 \times 1.41 = 7.05[A]$$

정답 ②

3-3 연습문제 답

(1) 임피던스(Impedance)

$$Z = \sqrt{6^2 + 8^2} = \sqrt{100} = 10[\Omega]$$

전류(電流)

$$I = \frac{V}{Z} = \frac{100}{10} = 10[A]$$

정답 ③

(2) 임피던스(Impedance)

$$Z = \sqrt{3^2 + 4^2} = \sqrt{25} = 5[\Omega]$$

전류(電流)

$$I = \frac{V_0}{Z} = \frac{100}{5} = 20[A]$$

저항(抵抗)에 인가(引加)되는 전압(電壓)은 전류(電流)

$$V = RI = 3 \times 20 = 60[V]$$

정답 ③

(3) 임피던스(Impedance)

$$Z = \sqrt{8^2 + 6^2} = \sqrt{100} = 10[\Omega]$$

전류(電流)

$$I = \frac{V_0}{Z} = \frac{100}{10} = 10[A]$$

저항(抵抗)에 인가(引加)되는 전압(電壓)은 전류(電流),

$$V = RI = 8 \times 10 = 80[V]$$

정답 ④

3-4 연습문제 답

(1) 저항(抵抗)만의 회로(回路)는 전압(電壓)과 전류(電流)는 같은 모양(模樣) (위상차(位相差)가 없음)의 파형(波形)이 된다.

정답 ①

(2) 코일에 흐르는 전류(電流)는 전압(電壓)이 0일 때에 전류(電流)가 최대(最大)가 되도록 오른쪽으로 늦어진다.

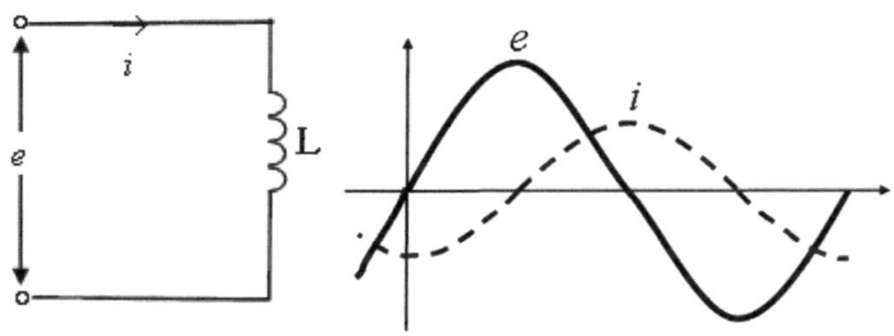

정답 ①

(3) 콘덴서에 흐르는 전류(電流)는 전압(電壓)이 0일 때에 전류(電流)가 최대(最大)가 되도록 왼쪽으로 빨라진다.

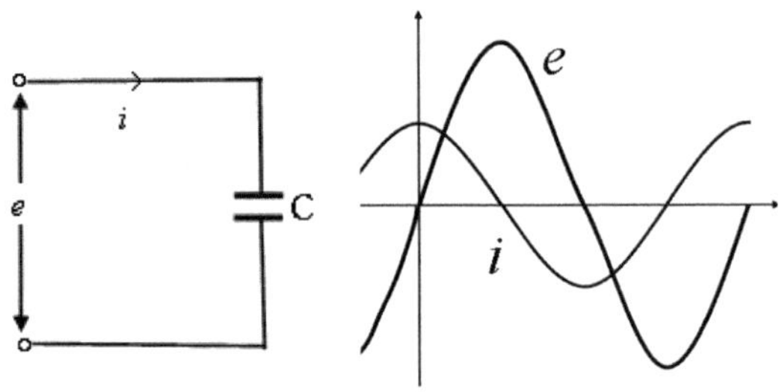

정답 ④

3-5 연습문제 답

(1) 상전압(相電壓) $E=\dfrac{200}{\sqrt{3}}=115[V]$

전류(電流) $I=\dfrac{115}{20}=5.8[A]$

정답 ②

(2) 상전압(相電壓)은 $\dfrac{V}{\sqrt{3}}$가 되므로

$$I=\frac{E}{R}=\frac{V}{\sqrt{3}\,R}\quad \therefore I=\frac{V}{\sqrt{3}\,R} \qquad (1)$$

식 (1)의 양변(兩邊)에 R을 곱하면

$$RI=\frac{V}{\sqrt{3}} \qquad (2)$$

식 (2)의 양변(兩邊)에 I로 나누면 $R=\dfrac{V}{\sqrt{3}\,I}$

정답 ③

(3) 전류(電流)는 $I=\frac{V}{\sqrt{3}R}[A]$가 되므로, 전 소비전력(消費電力) P는

$$P=3RI^2=3\times R\times(\frac{V}{\sqrt{3}R})^2=3\times R\times\frac{V^2}{3R^2}=\frac{V^2}{R}[W]$$

정답 ①

3-6 연습문제 답

(1) 20[Ω]의 저항(抵抗)에 흐르는 전류(電流)는

$$I=\frac{200}{20}=10[A]$$

전 소비전력(消費電力)은

$$P=3RI^2=3\times 20\times 10^2=6000[W]$$

1000[W] = 1[kW]이므로 P = 6[kW]

정답 ③

(2) 10[Ω]에 흐르는 전류(電流)는

$I=\frac{200}{10}=20[A]$

전류계(電流計)의 지시(指示) I'는

$I'=\sqrt{3}I=1.73\times 20=34.6[A]$

정답 ④

(3) 2[kW]의 저항(抵抗)을 R[Ω]이라 하면

$$RI^2 = R\times(\frac{V}{R})^2 = \frac{V^2}{R} = 2000$$

$$\frac{V^2}{R} = 2000$$

의 양변(兩邊)에 R을 곱하면

$$V^2 = 2000R$$

양변(兩邊)을 2000으로 나누면

$$R = \frac{V^2}{2000} = \frac{200\times200}{2000} = 20[\Omega]$$

저항(抵抗)에 흐르는 전류(電流)는

$$I = \frac{200}{20} = 10[A]$$

가 되므로

$$I_1 = \sqrt{3}\,I = 1.73\times10 = 17.3[A]$$

퓨즈가 단선(斷線)된 상태(狀態) (그림 1)는 그림 2의 회로(回路)가 되므로, 합성저항(合成抵抗) R은

$$R = \frac{40\times20}{40+20} = \frac{800}{60} = \frac{40}{3}[\Omega]$$

전류(電流) I_2는

$$I_2 = \frac{V}{R} = 200\div\frac{40}{3} = 200\times\frac{3}{40}$$

$$= \frac{600}{40} = 15[A]$$

정답 ①

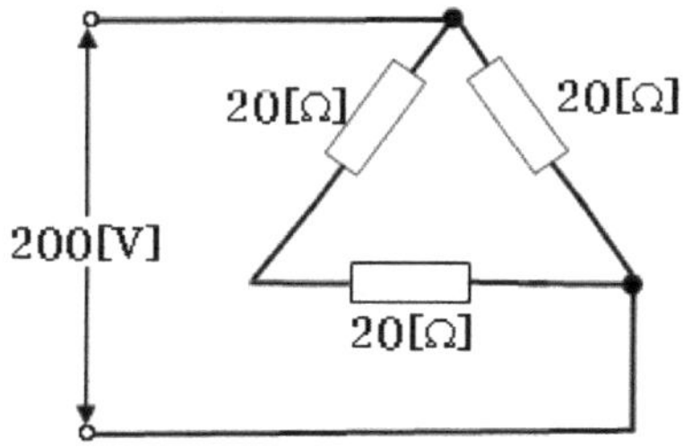

그림 1

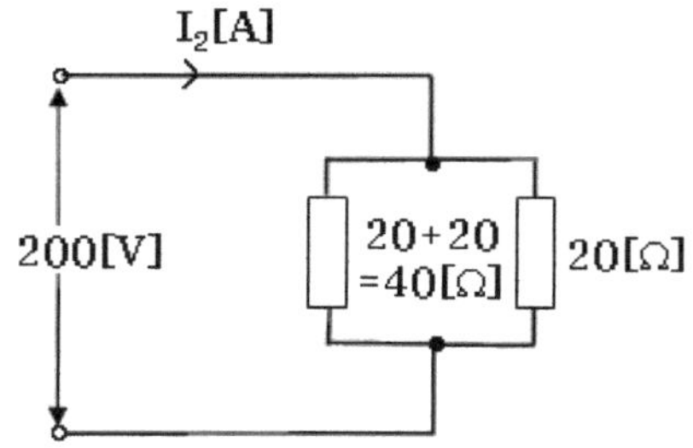

그림 2

(4) 8[Ω]의 저항(抵抗)과 6[Ω]의 코일이 직렬(直列)로 연결(連結)된 회로(回路)의 임피던스(Impedance)는

$$Z=\sqrt{8^2+6^2}=\sqrt{100}=10[\Omega]$$

이것에 인가(引加)되어 있는 전압(電壓)은 V = 200[V]이므로, 8[Ω]의 저항(抵抗)에 흐르는 전류(電流)는

$$I=\frac{200}{10}=20[A]$$

8[Ω]의 저항(抵抗)의 소비전력(消費電力)은

$$P=RI^2=8\times20\times20=3200[W]$$

3상회로(三相回路)의 소비전력(消費電力)은 이 3배가 되므로

$$3P=3200\times3=9600[W]=9.6[kW]$$

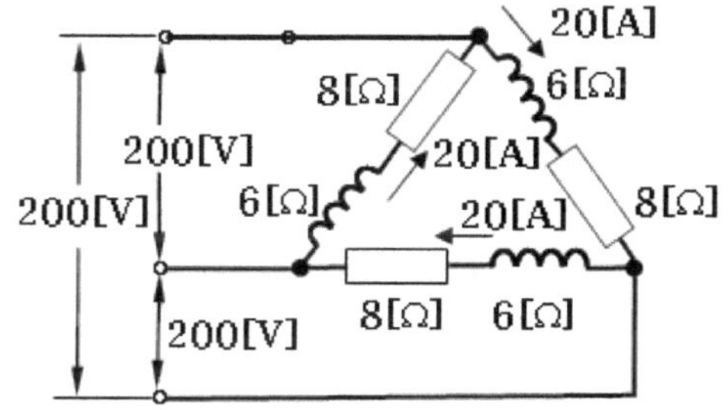

정답 (4)

4-1 연습문제 답

(1) $\frac{A}{C}+\frac{B}{C}=\frac{A+B}{C}$

(2) $\frac{B}{A}+\frac{C}{3A}=\frac{3B}{3A}+\frac{3C}{3A}=\frac{3B+C}{3A}$

(3) $\frac{B}{2A}-\frac{B}{3A}=\frac{3B}{6A}-\frac{2B}{6A}=\frac{3B-2B}{6A}=\frac{B}{6A}$

(4) $\frac{BC}{A}\times\frac{B}{C}=\frac{B\cancel{C}\times B}{A\cancel{C}}=\frac{B\times B}{A}=\frac{B^2}{A}$

(5) $\frac{1}{A}+\frac{1}{B}=\frac{B}{AB}+\frac{A}{AB}=\frac{A+B}{AB}$

(6) $\frac{1}{\frac{1}{A}+\frac{1}{B}}=\frac{1}{\frac{B}{AB}+\frac{A}{AB}}=\frac{1}{\frac{A+B}{AB}}=1\times\frac{AB}{A+B}=\frac{AB}{A+B}$

4-2 연습문제 답

(1) $R^{'}=\frac{R\times 2R}{R+2R}=\frac{2R^2}{3R}=\frac{2R}{3}$

정답 ③

(2) $$R=\rho\frac{l}{S}=\rho\frac{l}{\frac{\pi D^2}{4}}=\frac{\rho l}{\frac{\pi D^2}{4}} \qquad (1)$$

식 (1)의 분모(分母)·분자(分子)에 4를 곱하면

$$R=\frac{4\rho l}{\pi D^2}$$

정답 ①

(3) $$Z=\sqrt{R^2+X^2}\,[\Omega]$$

$$I=\frac{E}{Z}=\frac{E}{\sqrt{R^2+X^2}}[A]$$

$$P=RI^2=R\times\frac{E^2}{(\sqrt{R^2+X^2})^2}=\frac{RE^2}{R^2+X^2}[W]$$

정답 ④

(4) $$I=\frac{\frac{E}{\sqrt{3}}}{R} \qquad (1)$$

식 (1)의 분모(分母)·분자(分子)에 $\sqrt{3}$을 곱하면

$$I=\frac{\frac{E}{\sqrt{3}}\times\sqrt{3}}{R\times\sqrt{3}}=\frac{E}{\sqrt{3}R}[A]$$

정답 ④

(5) $$I = \sqrt{3} \times \frac{E}{R} = \frac{\sqrt{3}E}{R}$$

정답 ③

(6) r의 소비전력(消費電力)이 1선의 전력손실(電力損失)이 되므로, 3상 전체(全體)에서는

$$P_l = 3 \times r \times I \times I = 3rI^2[W]$$

정답 ①

4-3 연습문제 답

(1) 저항률(抵抗率)을 ρ라 하면 A의 저항(抵抗)

$$R_A = \rho \frac{l_A}{S_A} = \frac{100\rho}{\frac{\pi \times 1.6^2}{4}} = \frac{400\rho}{\pi \times 1.6^2}$$

B의 저항(抵抗) $R_B = \rho \frac{l_B}{S_B} = \frac{200\rho}{8}$

$$\frac{R_B}{R_A} = \frac{200\rho}{8} \div \frac{400\rho}{\pi \times 1.6^2} = \frac{200\rho}{8} \times \frac{\pi \times 1.6^2}{400\rho} \frac{\pi \times 1.6^2}{16}$$

$$= 0.502 ≒ \frac{1}{2}[\text{배}]$$

정답 ②

(2) 원래의 길이를 l_0, 직경(直徑)을 d_0라 하면, 전선(電線)의 체적(體積) V는

$$V=(\text{단면적})\times(\text{길이})=\frac{\pi d_0^2}{4}\times l_0=\frac{\pi d_0^2 l_0}{4} \qquad (1)$$

직경(直徑)을 $\frac{1}{2}$로 하였을 때의 길이를 l이라 하면

$$V=\frac{\pi\times(\frac{d_0}{2})^2\times l_0}{4}=\frac{\frac{\pi d_0^2 l_0}{4}}{4}=\frac{\pi d_0^2 l_0}{16} \qquad (2)$$

(1) = (2)이므로,

$$\frac{\pi d_0^2 l_0}{4}=\frac{\pi d_0^2 l}{16}$$

양변(兩邊)에 16을 곱하여, $4\pi d_0^2 l_0=\pi d_0^2 l$

양변(兩邊)을 πd_0^2으로 나누어, $l=l_0$

원래의 저항(抵抗) R_0는

$$R_0=\rho\frac{l_0}{S_0}=\rho\frac{l_0}{\frac{\pi d_0^2}{4}}=\frac{4\rho l_0}{\pi d_0^2}$$

직경(直徑)을 $\frac{1}{2}$로 하였을 때의 저항(抵抗) R은

$$R=\rho\cdot\frac{4l_0}{\frac{\pi}{4}\times(\frac{d_0}{2})^2}=\frac{4\rho l_0}{\frac{\pi d_0^2}{16}}=\frac{64\rho l_0}{\pi d_0^2}$$

$$\frac{R}{R_0}=\frac{64\rho l_0}{\pi d_0^2}\div\frac{4\rho l_0}{\pi d_0^2}=\frac{64\rho l_0}{\pi d_0^2}\times\frac{\pi d_0^2}{4\rho l_0}=\frac{64}{4}=16[\text{배}]$$

정답 ④

(3) 퓨즈 단선(斷線) 전의 소비전력(消費電力) P는

$$P = 3RI^2 = 3R \times (\frac{V}{R})^2 = \frac{3RV^2}{R^2} = \frac{3V^2}{R}[W]$$

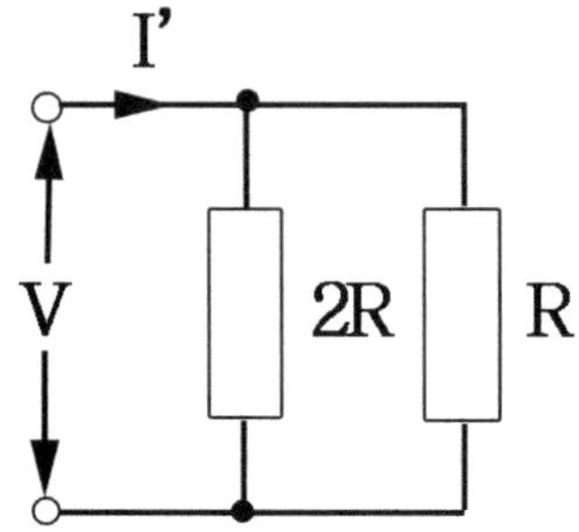

퓨즈 단선(斷線) 후의 회로(回路)는 오른쪽 그림과 같이 되므로,

합성저항(合成抵抗) $R' = \frac{2R \times R}{2R + R} = \frac{2R}{3}[\Omega]$

흐르는 전류(電流) $I' = \frac{V}{R'} = \frac{V}{\frac{2R}{3}} = V \times \frac{3}{2R} = \frac{3V}{2R}[A]$

소비전력(消費電力) P'는

$$P' = R'(I')^2 = \frac{2R}{3}(\frac{3V}{2R})^2 = \frac{18RV^2}{12R^2} = \frac{3V^2}{2R}[W]$$

$$\frac{P'}{P} = \frac{3V^2}{2R} \div \frac{3V^2}{R} = \frac{3V^2}{2R} \times \frac{R}{3V^2} = \frac{1}{2}[\text{배}]$$

정답 ②

(4) 단상2선식(單相二線式)에 흐르는 전류(電流)를 I[A]라 하면 부하(負荷)의 전력 P는

$$P = VI\cos\theta[W]$$

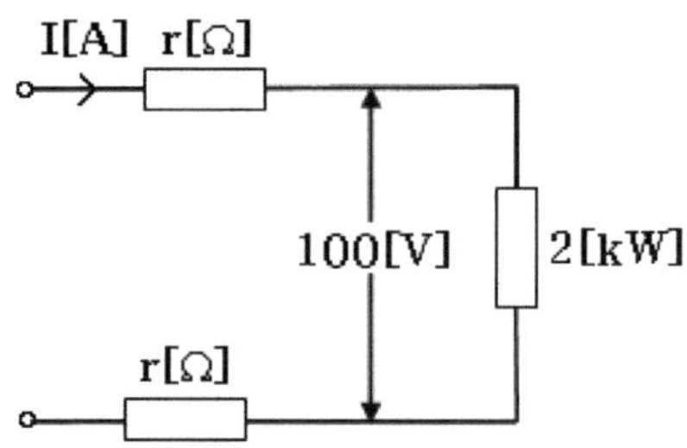

전열기(電熱器)의 역률(力率) cosΘ = 1이므로,

$$P = VI[W]$$

이 식(式)에 주어진 수치(數値)를 대입(代入)하면,

$$2000 = 100I$$

$$I = \frac{2000}{100} = 20[A]$$

1선(線)의 선로 저항(線路抵抗)을 r[Ω]이라 하면, 선로(線路)의 전력손실(電力損失) P_l은

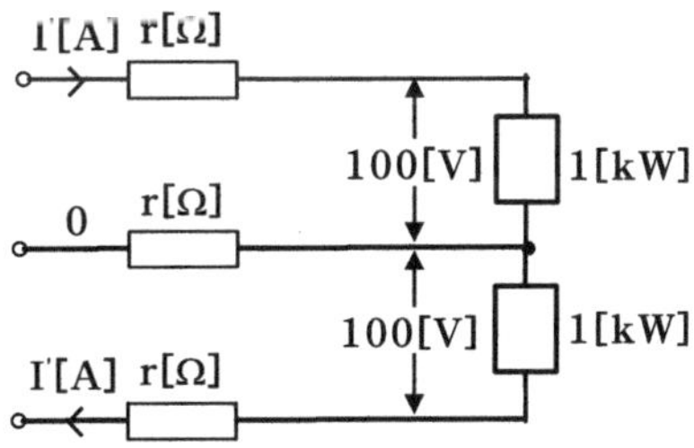

$$P_l = 2 \times rI^2 = 2 \times r \times 20^2 = 800r[W]$$

단상3선식(單相三線式)의 1[kW] 전열기(電熱器)에 흐르는 전류(電流) I'는

$$P = VI'\cos\theta \text{로부터}$$

$$1000 = 100 \times I' \times 1$$

$$I' = \frac{1000}{100} = 10[A]$$

이 전류(電流)는 두 바깥 선(線)에 흐르며, 중성선(中性線)의 전류(電流)는 0이므로, 선로(線路)의 전력손실(電力損失) P'는

$$P_l' = 2 \times r(I')^2 = 2 \times r \times 10^2 = 200r[W]$$

$$\frac{P_l'}{P_l} = \frac{200r}{800r} = \frac{1}{4}[\text{배}]$$

정답 ④

5-1 연습문제 답

(1) 2 (2) 3 (3) -2 (4) -6 (5) -3 (6) 3

5-2 연습문제 답

(1) $E = IR = 5\times10^{-3}\times2\times10^{3} = 5\times2\times10^{-3+3}$

$= 10\times10^{0} = 10\times1 = 10[V]$

정답 ③

(2) $R = \dfrac{V}{I} = \dfrac{100}{2\times10^{-3}} = \dfrac{50}{10^{-3}} = 50\times10^{3} = 5\times10\times10^{3}$

$= 5\times10^{1+3} = 5\times10^{4}[\Omega]$

정답 ③

5-3 연습문제 답

(1) 3, 6 (2) 3 (3) -6 (4) 2 (5) 3 (6) 3

5-4 연습문제 답

(1) [W]×[s]=[J]이므로,

$Q = 500[W]\times90[분] = 500[W]\times90[분]\times60[s]$

$= 2700\times10^{3}[J] = 2700[kJ]$

정답 ④

(2) $P = RI^2 = 0.5 \times 10^2 = 50[W]$

$Q = 50[W] \times 1[h] = 50[W] \times 3600[s]$

$= 180 \times 10^3[J] = 180[kJ]$

정답 ①

(3) 백열전구(白熱電球)의 소비전력(消費電力)의 합계(合計)는

$$P_1 = 4 \times 100 = 400[W]$$

전동기(電動機)의 소비전력(消費電力)은

$$P_2 = VIcos\theta = 100 \times 5 \times 0.8 = 400[W]$$

전체(全體) 소비전력(消費電力)은

$$P_1 + P_2 = 400 + 400 = 800[W]$$

소비전력량(消費電力量)은 10일간(日間) = 10 × 24 = 240[h]로부터

$$W = 800 \times 240[h]$$

$$= 8 \times 24 \times 10^3[Wh]$$

$$= 8 \times 24[kWh]$$

$$= 192[kWh]$$

정답 ②

(4) 소비전력(消費電力) $P = \sqrt{3}\, VIcos\theta = 1.73 \times 200 \times 15 \times 0.8$

$$= 4150[W] = 4.15[kW]$$

1개월(個月)의 사용(使用) 시간(時間) $t = 4 \times 30 = 120[h]$

소비전력량(消費電力量) $W = Pt = 4.15 \times 120 = 498[kWh]$

정답 ②

(5) 소비전력(消費電力) P는 $P = VI\cos\theta$로 나타내어진다. 여기서, 저항부하(抵抗負荷)의 역률(力率)은 cosΘ = 1이므로,

$$P = VI[W]$$

이것에 P = 2[kW] = 2×10³[W], V = 200[V]를 대입(代入)하여

$$2 \times 10^3 = 200I \quad \therefore I = 10[A]$$

200[V]를 인가(引加)하여 10[A]가 흐르는 저항(抵抗) R은

$$R = \frac{200}{10} = 20[\Omega]$$

100[V]를 인가(引加)하였을 때에 흐르는 전류(電流) I'는

$$I' = \frac{100}{20} = 5[A]$$

소비전력(消費電力) $P' = R(I')^2 = 20 \times 5^2 = 500[W] = 0.5[kW]$

소비전력량(消費電力量) $W = P't = 0.5 \times 8 = 4[kWh]$

정답 ②

(6) 절연저항(絶緣抵抗) $R = 0.1 \times 10^6[\Omega]$

누설전류(漏泄電流) $I = \frac{V}{R} = \frac{200}{0.1 \times 10^6} = 2000 \times 10^{-6}$

$$= 2 \times 10^{-3}[A] = 2[mA]$$

정답 ②

6-1 연습문제 답

(1) 양변(兩邊)에 3을 더하여, x - 3 + 3 = 4 + 3, ∴ x = 7

(2) 양변(兩邊)에 4를 빼어, x + 4 - 4 = 6 - 4, ∴ x = 2

(3) 양변(兩邊)에 3을 곱하여, $\frac{x}{3}\times3=2\times3$, ∴ x = 6

(4) 양변(兩邊)을 10으로 나누어, $10x\div10=20\div10$, ∴ x = 2

(5) 양변(兩邊)에 3을 더하여, 2x = 12, 양변(兩邊)을 2로 나누면 x = 6

(6) 양변(兩邊)에 4를 더하여, 3x = 9, 양변(兩邊)을 3으로 나누면 x = 3

6-2 연습문제 답

(1) 좌변(左邊)의 -3을 우변(右邊)으로 이항하여, 23 = 4, 양변(兩邊)을 2로 나누면 x = 2

(2) 좌변(左邊)의 -5x를 우변(右邊)으로, 우변(右邊)의 -8을 좌변(左邊)으로 각각 이항하여, 2 + 8 = 5x, 양변(兩邊)을 5로 나누면 x = 2

(3) 양변(兩邊)에 3을 곱하여, x - 3 = 2, -3을 우변(右邊)으로 이항하면 x = 5

(4) -6을 우변(右邊)으로, 2x를 좌변(左邊)으로 이항하여, 4x - 2x = -2 + 6, 2x = 4, 양변(兩邊)을 2로 나누면 x = 2

(5) (x+2)를 X라고 하면, 8 = 2X - 2, -2를 좌변(左邊)으로 이항하여, 2X = 8 + 2 = 10, 양변(兩邊)을 2로 나누어, X = 5, X에 (x + 2)를 넣어서, x + 2 = 5, 2를 우변(右邊)으로 이항하면 x = 3

6-3 연습문제 답

(1) 저항(抵抗)을 R[Ω]이라 하면 누설전류(漏泄電流) I는

$$I=\frac{100}{R}[A]$$

소비전력(消費電力) P는 백열전구(白熱電球)의 역률(力率)이 1이므로

$$P=VIcos\theta=VI[W]$$

주어진 수치(數値)를 대입(代入)하여

$$100=100\times(\frac{100}{R})$$

양변(兩邊)에 R을 곱하여, $100R=100\times100$

양변(兩邊)을 100으로 나누어, $R=100[\Omega]$

정답 ③

(2) 20[Ω]과 5[Ω]의 합성저항(合成抵抗)

r은

$$r=\frac{20\times5}{20+5}=\frac{100}{25}=4[\Omega]$$

따라서, $100 = 5(R+4)$

양변(兩邊)을 5로 나누어, $20 = R+4$

4를 이항(移項)하여 $R = 20 - 4 = 16[\Omega]$

정답 ③

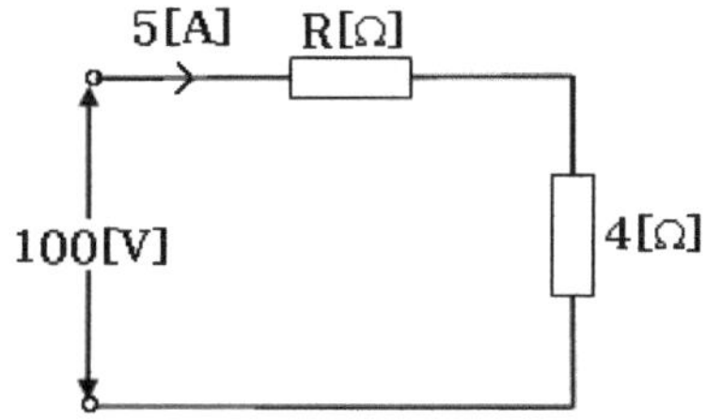

(3) 10[Ω]과 40[Ω]의 합성저항(合成抵抗) r은

$$r = \frac{10\times 40}{10+40} = \frac{400}{50} = 8[\Omega]$$

따라서, $100 = 10(8+R)$

양변(兩邊)을 10으로 나누어, $8+R=10$

8을 이항(移項)하여 $R = 10 - 8 = 2[\Omega]$

소비전력(消費電力)

$$P = RI^2 = 2\times 10^2 = 200[W]$$

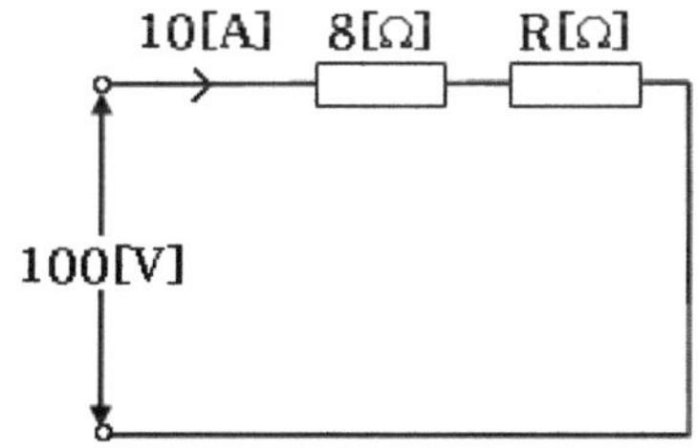

정답 ④

(4) 전압계(電壓計)가 최대표시(最大表示)를 할 때의 전류(電流) I는

$$I = \frac{150}{120\times 10^3} = 1.25\times 10^{-3}[A]$$

따라서, $1.25\times 10^{-3}(R+r) = 900$

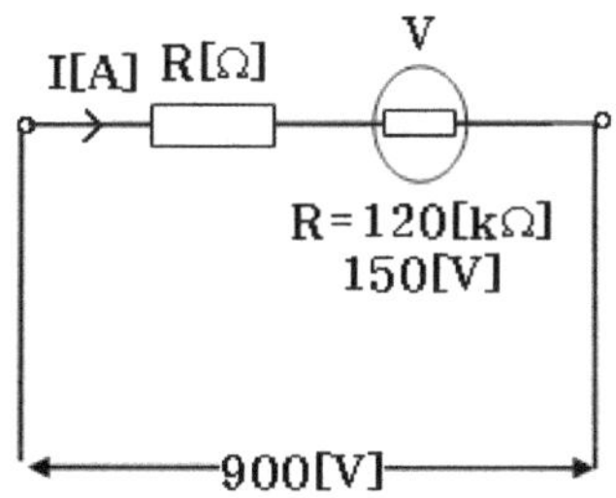

양변(兩邊)을 1.25×10^{-3}으로 나누어,

$$R+r = \frac{900}{1.25\times 10^{-3}} = \frac{900}{1.25}\times 10^3 = 720\times 10^3[\Omega]$$

$$r = 120 \times 10^3 [\Omega] \text{으로부터}$$

$$R + 120 \times 10^3 = 720 \times 10^3 [\Omega]$$

$$120 \times 10^3 \text{을 이항(移項)하여}$$

$$R = 720 \times 10^3 - 120 \times 10^3 = 600 \times 10^3 [\Omega] = 600 [k\Omega]$$

정답 ②

(5) A_2인 내부저항(내부抵抗)을 r[Ω]이라 하면, r[Ω]과 0.05[Ω] 양단(兩端)의 전압(電壓)은 같으므로,

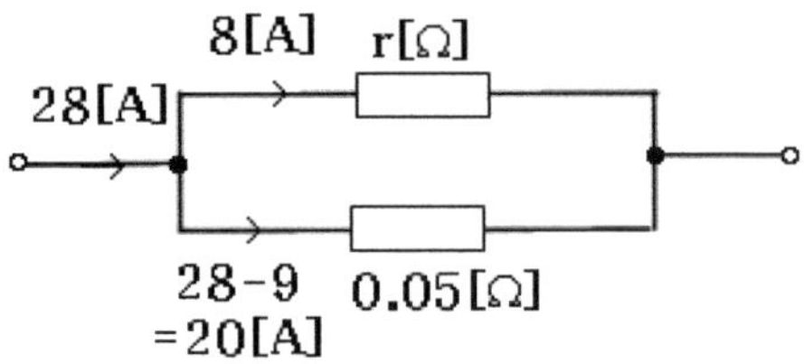

$$8 \times r = 20 \times 0.05$$

$$8r = 1$$

양변(兩邊)을 8로 나누어,

$$r = 1 \div 8 = 0.125 [\Omega]$$

정답 ③

6-4 연습문제 답

(1) 저항률(抵抗率)을 ρ[Ω·㎟/m]라 하면, 직경(直徑) 1.6[mm]인 전선(電線)의 저항(抵抗) R은

$$R = \rho \frac{l}{S} = \frac{\rho \times 200}{\frac{\pi \times 1.6^2}{4}} = \frac{800\rho}{\pi \times 1.6^2}$$

직경(直徑) 3.2[mm]인 전선(電線)의 길이를 L[m]라 하면 저항(抵抗) R은

$$R' = \frac{4\rho L}{\pi \times 3.2^2}$$

$R = R'$이므로

$$\frac{800\rho}{\pi \times 1.6^2} = \frac{4\rho L}{\pi \times 3.2^2}$$

양변(兩邊)에 $\frac{\pi}{\rho}$를 곱하여,

$$\frac{800}{1.6^2} = \frac{4L}{3.2^2}$$

양변(兩邊)에 $\frac{3.2^2}{4}$을 곱하여,

$$L = \frac{800}{1.6^2} \times \frac{3.2^2}{4} = 800[m]$$

정답 ④

(2) $P = VIcos\theta[W]$에 P = 2.0[kW] = 2,000[W], V = 200[V], cosΘ = 80[%] = 0.8을 대입(代入)하면

$$2000 = 200 \times I \times 0.8$$

$$2000 = 160 \times I$$

양변(兩邊)을 160으로 나누어,

$$I = \frac{2000}{160} = 12.5[A]$$

정답 ④

(3) $P = VI\cos\theta[W]$으로부터

$$6000 = 200 \times I \times 0.6 = 120I$$

양변(兩邊)을 120으로 나누어,

$$I = \frac{6000}{120} = 50[A]$$

역률(力率)이 85[%]인 때의 전류(電流)를 I'라 하면

$$6000 = 200 \times I' \times 0.6 = 170I'$$

양변(兩邊)을 170으로 나누어,

$$I' = \frac{6000}{170} = \frac{600}{17}[A]$$

따라서,

$$\frac{I}{I'} = 50 \div \frac{600}{17} = 50 \times \frac{17}{600} = \frac{850}{600} = 1.41[A]$$

정답 ④

(4) 3상전력(三相電力)은 $P = \sqrt{3}\,VI\cos\theta$로부터

$$10{,}000 = \sqrt{3} \times 200 \times I \times 0.8 = 160\sqrt{3}\,I$$

양변(兩邊)을 $160\sqrt{3}$으로 나누어,

$$I = \frac{10{,}000}{160\sqrt{3}} = \frac{10{,}000}{160 \times 1.73} = 36[A]$$

정답 ②

6-5 연습문제 답

(1) ① $x=\sqrt{2}$ ② $x=\sqrt{3}$ ③ $x=\sqrt{4}=2$

④ $x=\sqrt{9}=3$ ⑤ $x=\sqrt{25}=5$

(2) $\frac{\pi}{4}D^2=8$, 양변(兩邊)에 $\frac{4}{\pi}$를 곱하여

$$D^2=\frac{8\times4}{\pi}=\frac{32}{\pi}=\frac{32}{3.14}=10.2$$

$$D=\sqrt{10.2}=3.2[mm]$$

정답 ①

(3) 연동선(軟銅線)의 저항(抵抗) R은 길이를 ℓ[m], 저항률(抵抗率)을 ρ [Ω·㎟/m]라 하면,

$$R=\rho\frac{l}{S}=\frac{\rho\times l}{\frac{\pi\times4^2}{4}}=\frac{\rho l}{4\pi}[\Omega]$$

Al선(線)의 저항률(抵抗率)은 $\frac{\rho}{0.64}=1.56\rho[\Omega\cdot mm^2/m]$가 되므로, Al선(線)의 직경(直徑)을 D[mm]라 하면 저항(抵抗) R'는

$$R'=\frac{1.56\rho l}{\frac{\pi D^2}{4}}=\frac{4\times1.56\rho l}{\pi D^2}=\frac{6.24\rho l}{\pi D^2}$$

$R=R'$이므로,

$\frac{\rho l}{4\pi}=\frac{6.24\rho l}{\pi D^2}$ 양변(兩邊)에 $\frac{\pi}{\rho l}$를 곱하면, $\frac{1}{4}=\frac{6.24}{D^2}$

양변(兩邊)에 $4D^2$을 곱하면, $D^2 = 6.24 \times 4 = 25$

$$D = \sqrt{25} = 5[mm]$$

정답 ②

(4) $Z = \sqrt{R^2 + X^2}$ 에 Z = 10[Ω], X = 6[Ω]을 대입(代入)하면

$$10 = \sqrt{R^2 + 6^2}$$

양변(兩邊)을 2승(承)하면,

$$100 = R^2 + 36$$

$$R^2 = 100 - 36 = 64$$

$$R = \sqrt{64} = 8[\Omega]$$

정답 ③

7-1 연습문제 답

(1) $\sin 53.1^\circ = \frac{4}{5} = 0.8$, $\cos 53.1^\circ = \frac{3}{5} = 0.6$, $\tan 53.1^\circ = \frac{4}{3}$

(2) $\sin 45^\circ = \frac{1}{\sqrt{2}}$, $\cos 45^\circ = \frac{1}{\sqrt{2}}$, $\tan 45^\circ = \frac{1}{1} = 1$

(3) $\sin 30^\circ = \frac{1}{2} = 0.5$, $\cos 30^\circ = \frac{\sqrt{3}}{2}$, $\tan 30^\circ = \frac{1}{\sqrt{3}}$

7-2 연습문제 답

(1) $10^2 = 8^2 + c^2, c^2 = 10^2 - 8^2 = 36, \therefore c = \sqrt{36} = 6$

(2) $2^2 = 1^2 + c^2, c^2 = 2^2 - 1^2 = 3, \therefore c = \sqrt{3}$

(3) $2^2 = (\sqrt{2})^2 + c^2, c^2 = 2^2 - (\sqrt{2})^2 = 4 - 2 = 2, \therefore c = \sqrt{2}$

7-3 연습문제 답

(1) $P = VIcos\theta = Scos\theta$로부터

$80 = 100\cos\theta$

$\therefore \cos\theta = \frac{80}{100} = 0.8$

정답 ④

(2) 임피던스(Impedance)는 $Z = \sqrt{12^2 + 16^2} = \sqrt{400} = 20[\Omega]$

전류(電流)는 $I = \frac{V}{Z} = \frac{100}{20} = 5[A]$

피상전력(皮相電力)은 $S = VI = 100 \times 5 = 500[VA]$

소비전력(消費電力)은 $P = RI^2 = 12 \times 5^2 = 300[W]$

역률(力率)은 $\cos\theta = \frac{P}{S} = \frac{300}{500} = 0.6$ $(= 60[\%])$

정답 ③

(3) 임피던스(Impedance)는 $Z = \sqrt{3^2 + 4^2} = 5[\Omega]$

전압(電壓)을 V라 하면 전류(電流)는 $I=\frac{V}{5}[A]$

피상전력(皮相電力)은 $S=VI=V\times\frac{V}{5}=\frac{V^2}{5}[VA]$

소비전력(消費電力)은 $P=RI^2=3\times(\frac{V}{5})^2=\frac{3V^2}{25}[W]$

역률(力率)은 $\cos\theta=\frac{P}{S}=\frac{\frac{3V^2}{25}}{\frac{V^2}{5}}=\frac{3V^2}{25}\times\frac{5}{V^2}=\frac{3}{5}$

$$=0.6\,(=60[\%])$$

정답 ②

[**별해(別解)**] 오른쪽 그림에서

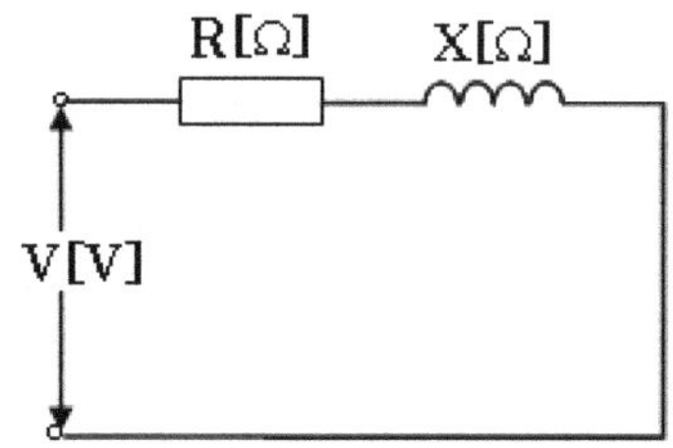

전류(電流) $I=\frac{V}{Z}[A]$

피상전력(皮相電力) $S=VI=\frac{V^2}{Z}[VA]$

소비전력(消費電力) $P=RI^2=\frac{RV^2}{Z^2}[W]$

역률(力率) $\cos\theta=\frac{P}{S}=\frac{RV^2}{Z^2}\times\frac{Z}{V^2}=\frac{R}{Z}$

이 되므로,

$$\cos\theta = \frac{R}{Z} = \frac{3}{\sqrt{3^2+4^2}} = \frac{3}{5} = 0.6$$

으로 계산(計算)하여도 된다.

(4) 전류(電流) $I = \frac{V}{Z} = \frac{100}{\sqrt{8^2+6^2}} = \frac{100}{10} = 10[A]$

피상전력(皮相電力) $S = VI = 100 \times 10 = 1,000[VA]$

소비전력(消費電力) $P = RI^2 = 8 \times 10^2 = 800[W]$

역률(力率) $\cos\theta = \frac{P}{S} = \frac{800}{1,000} = 0.8\,(=80[\%])$

정답 ④

(5) 전압(電壓)을 $V[V]$라 하면,

피상전력(皮相電力) $S = VI = V \times 10 = 10V[VA]$

저항(抵抗)을 R[Ω]이라 하면, $\frac{V}{R} = 6[A]$로부터

$$R = \frac{V}{6}[\Omega]$$

따라서, 소비전력(消費電力)은

$$P = RI_R^2 = \frac{V}{6} \times 6^2 = 6V[W]$$

$$\cos\theta = \frac{P}{S} = \frac{6V}{10V} = 0.6 = 60[\%]$$

정답 ②

7-4 연습문제 답

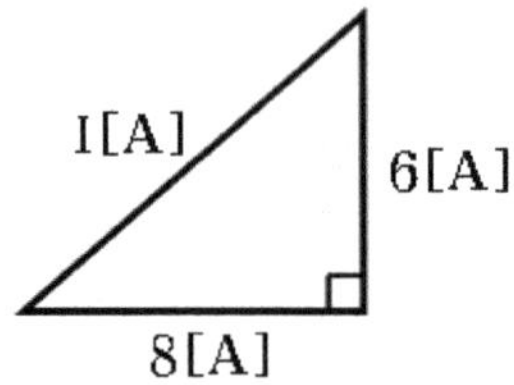

(1) 그림의 직각삼각형(直角三角形)의 관계(關係)로부터

$$I=\sqrt{8^2+6^2}=\sqrt{100}=10[A]$$

정답 ②

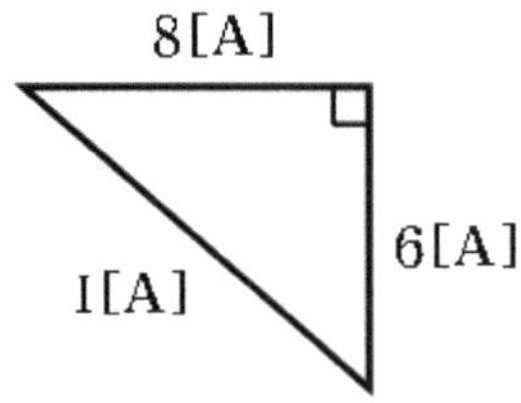

(2) 콘덴서에 흐르는 전류(電流)는 코일에 흐르는 전류(電流)의 역방향(逆方向)으로 생각하여,

$$I=\sqrt{8^2+6^2}=\sqrt{100}=10[A]$$

정답 ④

(3) $$I=\sqrt{I_R^2+(I_L-I_C)^2}$$

이며, $I_R=0$인 경우에는

$$I=I_L-I_C$$

로 하면 되므로,

$$I=8-6=2[A]$$

정답 ①

7-5 연습문제 답

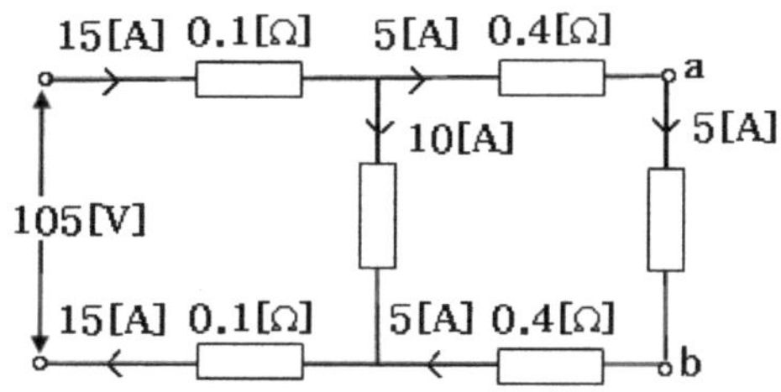

(1) 오른쪽 그림과 같이 전류(電流)가 흐르므로, 전압강하(電壓降下) e 는

$$e = 2\times0.1\times15 + 2\times0.4\times5$$
$$= 3 + 4 = 7[V]$$

ab 사이의 전압(電壓) V_{ab}는

$$V_{ab} = 105 - e = 105 - 7$$
$$= 98[V]$$

정답 ①

(2) 흐르는 전류(電流) I는

$$I = \frac{106}{10+2\times0.3} = \frac{106}{10.6} = 10[A]$$

전압강하(電壓降下) $e = 2\times0.3\times10 = 6[V]$

cd 사이의 전압(電壓) V_{cd}는

$$V_{cd} = 106 - e = 106 - 6 = 100[V]$$

정답 ③

(3) 중성선(中性線)에 흐르는 전류(電流)는 0[A]이므로,

$$V_{AB} = e + 100 = 0.2\times5 + 100 = 101[V]$$

$$V_{BC} = e + 100 = 0.2\times5 + 100 = 101[V]$$

정답 ②

(4) 오른쪽 그림과 같이 전류(電流)가 흐르므로, B, C 사이의 전압(電壓) V_{BC}는

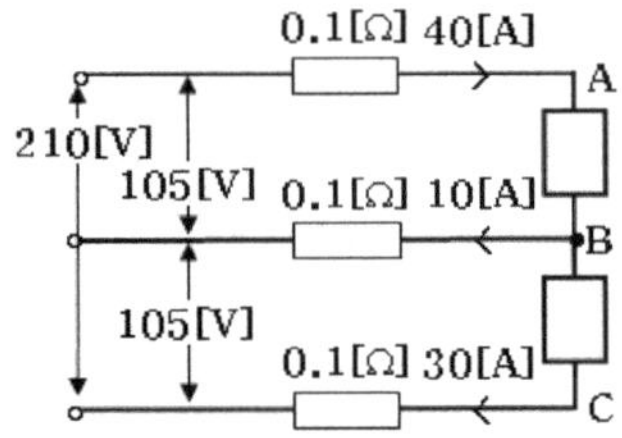

$$V_{BC} = 105 - 30 \times 0.1 + 10 \times 0.1$$

$$= 103[V]$$

정답 ③

[**참고(參考)**] A, B 사이의 전압(電壓)은

$$V_{AB} = 105 - 0.1 \times 40 - 0.1 \times 10 = 100[V]$$

(5) 전압강하(電壓降下) e는 $X=0, \cos\theta = 1$이므로,

$$e = \sqrt{3}\, I(R\cos\theta + X\sin\theta) = \sqrt{3}\, IR\cos\theta = \sqrt{3}\, IR$$

$$= \sqrt{3} \times 30 \times 0.2 = 10.38[V]$$

전원(電源)의 전압(電壓) $V = e + 200 = 10.38 + 200 \fallingdotseq 210[V]$

정답 ③

찾아보기

(ㅍ)

(ㅎ)

[역자 약력]

최 용 성 : 동신대학교 전기공학과 교수
이 경 섭 : 동신대학교 전기공학과 교수
박 계 춘 : 목포대학교 전기공학과 교수

기초전기수학 (수정판)

2009년 02월 10일 초판 인쇄
2017년 08월 08일 5쇄 발행

역 자	최용성, 이경섭, 박계춘
발 행 인	송기수
발 행 처	도서출판 GS인터비전
편 집 처	도서출판 GS인터비전
인 쇄 처	대일문예사
등록번호	제 25100-2016-000050호
I S B N	978-89-93668-03-2(92550)

주 소 서울 은평구 증산로 15길 69 2층
전 화 02-976-7898, 02-3272-7898
팩 스 02-6468-7898
홈 페 이 지 gsintervision.co.kr
E-Mail gsinter7@gmail.com

정 가 16,000원